LA CONQUISTA DEL LENGUAJE

LA CONQUISTA DEL LENGUAJE

Una mirada a la evolución de la mente simbólica

XURXO MARIÑO

Shackleton
books

Primera edición en Shackleton Books: septiembre de 2020
El presente libro es una edición ampliada y actualizada del que apareció publicado por primera vez en EMSE EDAPP, S. L. con el título *El misterio de la mente simbólica.*

Shackleton
books

@Shackletonbooks
shackletonbooks.com

Realización editorial: Bonalletra Alcompas, S. L.
Diseño de cubierta: Pau Taverna
Diseño de tripa y maquetación: Kira Riera
Cartografía incluida en los apéndices: Geotec

Depósito legal: B 28188-2019
ISBN: 978-84-18139-03-1
Impreso por GPS Group (Eslovenia).

CONTENIDO

Para el pequeño Fuco

Introducción
La singularidad humana

En estos momentos estás recibiendo un implante mental. Al leer estas líneas se está reproduciendo con precisión en tu mente la misma secuencia de palabras que hace algún tiempo generó mi cerebro. Si estuviésemos cara a cara podría realizar este implante de manera casi instantánea, utilizando el lenguaje oral —o el de signos— para transmitir a tu mente el flujo de ideas y pensamientos que fluyen por la mía. No conocemos ningún otro ser vivo que posea, ni de lejos, un sistema tan preciso y eficaz para transmitir el pensamiento. Ni para generarlo. El lenguaje no es solo un sistema de comunicación, sino que también —o, sobre todo— es una herramienta para articular el pensamiento. Como escribía Étienne Bonnot de Condillac hace más de dos siglos, «no pensamos sino con el socorro de las palabras, y esto basta para hacer comprender que el arte de razonar ha comenzado con las lenguas: que no ha podido hacer progresos sino en cuanto ellas los han hecho». Pensamos en gran medida con palabras y la inmensa mayoría de esas palabras, de ese lenguaje, se queda en la intimidad de nuestra mente. Organizamos nuestras elucubraciones mentales mediante cadenas de palabras ordenadas según unas reglas sintácticas. Tenemos también, desde luego, una cantidad importante de actividad mental que no depende del lenguaje, como la percepción del tacto, del sonido de la lluvia, del sabor de las manzanas, la risa o el llanto. Pero cada vez que reflexionamos sobre algún asunto, o cada vez que elaboramos un plan de acción, estamos apoyando nuestra mente sobre el sólido y a la vez intangible edificio del lenguaje. Una pequeña parte de ese mundo lingüístico interior sale en ocasiones al exterior —en algunas personas con más frecuencia que en otras— y termina por impactar en otras mentes. La comunicación mediante el lenguaje nos permite construir una cultura, conocer cosas sin haberlas vivido, trascender el presente; todo esto tiene, en términos evolutivos, un gran valor adaptativo, ya que podemos sacar provecho del saber acumulado a lo largo de las generaciones y así, por ejemplo, acceder a innovaciones hechas por otras personas separadas de nosotros en el espacio y en el tiempo o evitar situaciones peligrosas sin tener que sufrirlas ni una sola vez.

La característica más sobresaliente del lenguaje es su naturaleza simbólica. La mente humana maneja símbolos sin despeinarse. No sabemos muy bien cómo ni mediante qué procesos evolutivos se ha desarrollado esta fascinante capacidad de abstracción. Las personas que se dedican a estudiar el lenguaje y la mente simbólica desde el punto de vista de la lingüística, la neurociencia, la paleoantropología, la psicología o la arqueología no tienen mucho a donde agarrarse. Ningún otro animal posee algo parecido. Hasta donde sabemos, estamos solos en el universo de los símbolos, pero al menos podemos contarlo. Las palabras y los gestos no fosilizan, el tejido nervioso lo hace en raras ocasiones, y los restos fósiles de nuestros ancestros, de las especies de homininos que nos precedieron, son escasos y dispersos. Y, con todo, existen algunas pistas que permiten comenzar a tejer el lienzo en el que está representado el misterio de la evolución de la mente simbólica y el lenguaje. Pistas que vienen del pasado, a través de las investigaciones arqueológicas y el estudio de los fósiles, y pistas que podemos extraer del presente, agazapadas en nuestro intrincado tejido neuronal, en el proceso de aprendizaje lingüístico de las criaturas humanas, y en el comportamiento y capacidad de aprendizaje de nuestros parientes primates.

La capacidad de externalización, de comunicar a otras personas los pensamientos íntimos es, en realidad, la parte más sencilla de explicar. Lo complicado es descubrir cómo se ha producido la evolución de la capacidad lingüística, cómo se ha modificado el sistema nervioso de los humanos en los últimos dos millones de años, cómo se produce la asimilación y el aprendizaje de la lengua o las lenguas maternas por bebés humanos, y cómo la mente consciente brega a diario con el mundo de los símbolos. La externalización, decía, es sencilla de explicar, pero no por ello deja de ser una habilidad sin par. Si se piensa con un poco de detalle, cada vez que hacemos algo tan habitual y común como comunicarnos mediante un lenguaje, estamos utilizando un sistema único y de una eficacia extraordinaria para transmitir de una mente a otra cualquier tipo de pensamiento, reflexión o idea. Debido a una remodelación evolutiva de sus funciones originales —lo que en biología se llama exaptación— los mecanismos de la respiración y de la masticación han adquirido en nuestro linaje un cometido nuevo. En el momento en que una persona desea comunicar de forma oral algo a otros seres humanos, se pone en marcha una secuencia de procesos que, aunque cotidiana, resulta extraordinaria.

En primer lugar, se activan grupos de neuronas de la corteza cerebral que se encargan de enviar órdenes de contracción a los músculos encargados de la fonación. Mediante una serie de contracciones de precisión exquisita, la caja torácica expulsa un flujo de aire que se modula, primero, a su paso por las cuerdas vocales y, a continuación, en el complejo y siempre cambiante mundo del tracto vocal. Los medidos movimientos de la lengua y la boca terminan de esculpir las vibraciones de aire que lanzamos al exterior. Nuestra mente ha conseguido perturbar el aire, y ahora el mensaje que hemos producido viaja libre y en todas direcciones a una velocidad de unos 340 metros por segundo. El aire no tiene prejuicios y admite todo tipo de perturbaciones en su seno; las ondas que ha producido nuestra mente se mezclarán con otras que emanan de un chorro de agua, del motor de los coches, el canto de algún pájaro y decenas de fuentes más. Todas se irán disipando a medida que se propagan, y desaparecerán para siempre. O no. La perturbación emitida por la mente humana tiene una característica muy particular: puede tropezar con otra mente humana y ser decodificada. Nuestro sistema nervioso está acoplado a un sensor de alta fidelidad de vibraciones del aire, el sistema auditivo (como dice el científico Richard Dawkins, se trata de un sistema de microbarómetros de gran precisión). Con este instrumento hacemos algo maravilloso: convertimos perturbaciones del aire en descargas eléctricas neuronales. De esta manera, parte de la actividad neuronal que hace un momento estaba en el cerebro de una persona se reproduce en el tejido nervioso de la receptora: su mente ha recibido un implante que, gracias a la versatilidad simbólica del lenguaje, puede contener cualquier tipo de información.

El lenguaje oral es inmediato, y el mensaje puede tener una vida más o menos efímera o retenerse en la memoria de los participantes; algo similar ocurre con el lenguaje de signos, aunque en este caso la maquinaria receptora está en el ojo y la emisión consiste en gestos realizados con el cuerpo. Por su parte, el lenguaje escrito, este que ahora mismo experimentas, permite realizar un fascinante salto en el espacio y el tiempo: el emisor y el receptor pueden estar separados por días, meses o incluso siglos. La flexibilidad y fiabilidad del lenguaje escrito es tan grande que permite conocer los pensamientos íntimos de una persona que lleva muerta doscientos años, o dos mil. Incluso es posible viajar a la mente pretérita de uno mismo, cuando leemos algo que hemos escrito hace tiempo y que, para nuestra mente actual, siempre cambiante y dependiente de una memoria sujeta a todo tipo de modificaciones y reelaboraciones, comienza a resultar ajeno.

Y hay, además, una profunda dimensión filosófica en la aparición del lenguaje en el género *Homo*, ya que es una herramienta que nos habilita para hacer juicios morales. El filósofo Jesús Mosterín resumía así esta relación: «Sin lenguaje puede haber compasión, cooperación y quizá algo así como un sentido de la justicia, pero lo que no puede haber es moral ni ética, pues una moral es un sistema de reglas explícitas, articuladas lingüísticamente y la ética es la reflexión argumentada sobre la moral».

La tríada virtuosa

Como acabamos de ver, los humanos modernos, los *Homo sapiens*, somos unos animales bastante particulares. Si hubiera que sintetizar las características que definen la naturaleza humana y que, en conjunto, nos separan del resto de seres vivos, se podrían escoger estas tres: autoconsciencia, pensamiento simbólico y lenguaje. La aleación que resulta de la mezcla de estos elementos es tan rara —hasta donde sabemos, única— que algunos investigadores, como el antropólogo Terrence Deacon, han llegado a sugerir que, aunque desde un punto de vista biológico somos un simio más, las capacidades cognitivas bastarían para situar al *Homo sapiens* en un nuevo *phylum* o filo (el reino animal se divide en varios filos, como el filo de los vertebrados, el de los moluscos, etcétera; para algunos autores, podíamos olvidarnos de nuestra naturaleza de vertebrado y pasarnos al nuevo filo de los parlantes). Veamos en qué consisten estos elementos que nos definen.

Los humanos modernos somos autoconscientes, cada persona tiene consciencia de que existe como un ente individual, distinto del resto de congéneres. Es decir, no solo tenemos mente, como con bastante probabilidad ocurre con muchos otros animales, sino que la mente de cada persona percibe con claridad su existencia en este mundo y, por extensión, la existencia de otras mentes. No es sencillo definir qué es la mente, y las personas que en los campos de la neurociencia, la psicología y la filosofía se dedican a estudiar este concepto tan difuso pocas veces se ponen de acuerdo. Para acotar de alguna manera las cosas, se puede definir *mente* como una percepción íntima e intransferible del propio cuerpo y de algunos aspectos del mundo externo. Partiendo de esta definición, podemos suponer que hay muchos animales que tienen mente, pero también muchos otros que no llegan a generar algo así y que se mueven por el planeta en un estado de vigilia que no genera ningún mundo interior. Una garrapata, un erizo de mar y una lombriz de tierra poseen estados de vigilia en los que es difícil imaginar la existencia de una mente; su comportamiento es el resultado de una interacción mecánica y estereotipada con el medio.

Por su parte, caballos, pingüinos, focas, perros, gatos, gaviotas y muchos otros animales, con sistemas nerviosos más complejos e interacciones con el medio más variadas, poseen con toda probabilidad eso que he definido como mente. Sin embargo, hay dudas de que se trate de mentes autoconscientes. Los trabajos de investigación en el complicado campo de la etología (estudio del comportamiento animal) sugieren que la autoconsciencia no es una capacidad muy extendida. No se trata de un terreno exclusivo de los humanos, pero sí limitado a, por el momento, un grupo escaso de animales.

A mediados del siglo pasado se diseñó un sencillo pero informativo experimento que permite detectar autoconsciencia en algunos animales: el llamado *test del espejo*. Lo realizó por primera vez el psicólogo Gordon Gallup con un grupo de chimpancés, nuestro pariente vivo más próximo. En aquel estudio los animales se mantuvieron en recintos individuales y delante de cada uno se colocó un espejo. Se dejó que se acostumbraran e interaccionaran con sus espejos durante diez días. Como era de esperar, los chimpancés se mostraron interesados en aquellos objetos y en las imágenes reflejadas. En un primer momento reaccionaron como si estuvieran ante otro individuo, pero, poco a poco, pasaron a utilizar el espejo para explorar su propio cuerpo, o eso es lo que parecía. Lo siguiente era comprobar cómo interpretaban la imagen reflejada: había que discernir entre si pensaban que se trataba de otro chimpancé que repetía sus mismos gestos o si, por el contrario, entendían que era su propia imagen. Para ello se hizo algo muy ingenioso: se anestesió a los animales, se les pintaron con rotulador rojo dos puntos en la cara y se dejó que despertaran. Cuando espabilaron e interaccionaron de nuevo con los espejos, los chimpancés se percataron de las manchas de rotulador y las tocaron con la mano. Y aquí viene lo más significativo del experimento: mientras miraban su imagen reflejada, los chimpancés no tocaron las manchas en la cara que aparecía en el espejo, sino que se llevaron la mano a su propia cara. De esta forma indicaban con claridad que lo que estaban viendo era su propia imagen y no la de un imitador. La hipótesis que se maneja es que un animal que se reconoce ante un espejo está mostrando que tiene consciencia de su propia existencia, que posee autoconsciencia. La prueba del espejo, modificada para adaptarse a cada ocasión particular, se ha realizado con otros animales y el resultado es en cierta medida sorprendente, ya que muy pocas especies la superan. El exclusivo club de los autoconscientes está formado hasta el momento por un puñado de especies, entre las que se encuentran chimpancés, bonobos, orangutanes, elefantes, delfines, urracas y gorilas (aunque con estos últimos los resultados son variados). También es llamativo el hecho de que algunos animales como perros, gatos o macacos no den muestras claras de reconocerse ante un espejo. En todo caso, hay que tener en cuenta que superar el test proporciona un argumento bastante sólido de la existencia de mente autoconsciente pero, sin embargo, el hecho de no superarlo no indica lo contrario. La ausencia de evidencia no es evidencia de ausencia.

No es necesario realizar un experimento para comprobar que los *Homo sapiens* tenemos autoconsciencia (aunque no desde el primer momento: los bebés humanos superan el test del espejo a partir de los 18-24 meses). Tú y yo somos conscientes de que existimos, y también somos conscientes de que esta existencia es finita. En la filosofía y en la neurociencia hay autores que no encuentran ninguna razón evolutiva para la existencia de autoconsciencia, no le ven ninguna ventaja especial y consideran que se trata de un epifenómeno, algo que ha surgido como resultado de la complejidad del sistema, pero sin que haya sido moldeado por la selección natural. Por el contrario, hay otros investigadores, entre los que me incluyo, que llegamos a una conclusión muy diferente y entendemos que la autoconsciencia proporciona a sus portadores algo esencial y muy valioso: la noción

Figura 1. Espejos para identificar el «yo». El test del espejo es una sencilla prueba con la que se procura desvelar la existencia de mente autoconsciente en algunos animales.

de individualidad, una propiedad que además es necesaria para el desarrollo de sociedades complejas y versátiles, algo que forma parte del acervo humano desde hace unos dos millones de años. La autoconsciencia permite dotar de significado y, hasta cierto punto, predecir las intenciones de otras personas, ya que implica la noción de la existencia de otras consciencias. Los humanos no nos arreglamos sin los demás, somos seres sociales en extremo y, para que un grupo de esta naturaleza funcione, se necesitan mentes autoconscientes. Sin una mente así tampoco serían posibles los otros dos elementos de esta tríada virtuosa: el pensamiento simbólico y el lenguaje.

Las sociedades humanas de, al menos, los últimos 80 000 años se han construido sobre un rico mar de símbolos, abstracciones mentales que permiten trascender el aquí y el ahora, reflexionar sobre el pasado, elaborar planes para el futuro, establecer jerarquías o inventar cosas que no existen, como dioses, unicornios o Bob Esponja. Nuestra vida cotidiana depende, hasta en los detalles más insignificantes, de esta habilidad que se ha forjado como resultado de la coevolución entre un sistema nervioso con una capacidad de adaptación extraordinaria y la cultura desarrollada por los miembros del género de seres vivos más sociable que conocemos, el género *Homo*. Una mente con capacidad simbólica puede inventar universos paralelos, y con ellos hacer cosas. Puede, por ejemplo, asignarle valor a los objetos (entre los primeros objetos simbólicos usados por nuestros ancestros había conchas marinas, piedras labradas, etcétera) y con ellos hacer trueques por otros objetos o por información (dónde hay un buen lugar de caza o una cantera con las rocas que interesan); puede establecer códigos de conducta o formar una jerarquía dentro del grupo, indicada por las pinturas o los abalorios que se llevan encima; puede construir sistemas de creencias en lo sobrenatural para calmar almas o para amedrentarlas; e incluso puede inventarse un sistema de interpretación, reflexión y comunicación tan poderoso como el lenguaje.

El relato del desarrollo evolutivo de la capacidad simbólica corre en gran medida paralelo al de la evolución del lenguaje, hasta el punto de que los distintos grupos de científicos que investigan ambos problemas no se ponen de acuerdo sobre qué surgió antes. Hay quien concluye que primero se desarrolló una mente capaz de manejar símbolos y que, a partir de ahí, se perfiló el exquisito sistema de reflexión y comunicación que es el lenguaje. Aunque hay una tendencia a ver el lenguaje como una herramienta cuya función principal es la comunicación, en realidad en nuestro día a día lo utilizamos de forma mayoritaria para la reflexión interna. Sin embargo, hay también teorías coherentes que proponen una secuencia distinta, que comienza con un sistema de comunicación primigenio que algunos llaman protolenguaje, quizás con base en iconos o en índices —opciones que, como veremos, requieren una abstracción y un esfuerzo cognitivo menor—. La aparición de un protolenguaje con función comunicativa forzaría o facilitaría que las mentes de quienes lo usaban derivasen poco a poco hacia una forma de pensar simbólica; por ejemplo, al verse en la circunstancia de querer transmitir información sobre algo que no tenían delante (es decir, que iba más allá del aquí y el ahora). Tenemos por lo tanto dos tipos de teorías sobre el proceso evolutivo que dio lugar al lenguaje: las que sostienen que primero apareció la mente simbólica —como una herramienta para pensar— y a partir de ahí se generó el lenguaje —como una herramienta para pensar y para comunicarse— o, por otro lado, las teorías que defienden que primero se inventó algún tipo de protolenguaje —como sistema de comunicación— y que ello facilitó la evolución de un sistema nervioso capaz de manejar símbolos.

Se da la interesante paradoja de que la percepción de la propia individualidad, del «yo» y el carácter privado e intransferible de la autoconsciencia necesitan de la interacción social para manifestarse; una interacción que se produce a través del simbolismo y, en concreto, del lenguaje. Es decir, un encéfalo humano que se desarrolle en ausencia de interacción social a través de símbolos producirá una mente con limitaciones para ser consciente de su propia existencia. El antropólogo Roger Bartra explica que, para que pueda emerger una autoconsciencia plena, cada humano necesita echar mano de una prótesis externa formada por sus interacciones simbólicas sociales y culturales. Sin ese «exocerebro», la autoconsciencia tendrá dificultades para manifestarse.

De una forma o de otra, el lenguaje se instaló en nuestros genes y en nuestra cultura, y las sociedades humanas cambiaron para siempre. Como indica el psicólogo Aníbal Puente, los seres humanos no solo vivimos en una realidad más amplia, sino que, gracias al lenguaje, vivimos en otra dimensión de la realidad. Los *Homo sapiens* somos la especie superviviente de un género que remonta sus raíces al menos dos millones de años atrás. No está nada claro cómo estaban de desarrolladas estas tres características (autoconsciencia, simbolismo y lenguaje) en las otras especies del linaje humano, si es que existían de alguna manera. Haciendo un resumen muy superficial, la idea general que transpiran los trabajos de investigación sobre las distintas habilidades de nuestros parientes humanos, es la siguiente: todas las especies del género *Homo* poseían —aunque en grados distintos— alguna forma de autoconsciencia; la capacidad simbólica se manifiesta de manera clara tan solo en el *Homo sapiens*, aunque es probable que también existiera alguna forma de simbolismo en nuestros primos los *Homo neanderthalensis* e incluso en otras especies como *Homo erectus* y *Homo heidelbergensis*; y algo similar ocurre con el lenguaje, del que solo tenemos evidencias sólidas en el *Homo sapiens*, pero que pudo existir en alguna forma menos desarrollada en neandertales y en otros humanos anteriores. Si alguna otra especie de *Homo* distinta de la nuestra tuvo lenguaje, echando mano de una expresión del paleoantropólogo Ian Tattersall, esa gente era «nosotros» en el más profundo de los sentidos.

La escasez de datos y las dificultades que existen para reunir evidencias convierten al estudio sobre la evolución del simbolismo y el lenguaje en uno de los mayores problemas a los que se enfrenta la ciencia actual, un reto de enorme interés, ya que se trata de comprender la propia naturaleza humana. Precisamente por esto es un campo fascinante para la reflexión y la navegación crítica. Y de eso trata este libro. Mi intención es transmitir las sorpresas y emociones que he vivido al querer profundizar sobre la esencia del ser humano moderno, exponer de manera sencilla qué sabemos sobre la historia evolutiva de los humanos, perfilar cuáles son las regiones del sistema nervioso relacionadas con el simbolismo y el lenguaje, mostrar algunas de las teorías que se manejan en lingüística y, en definitiva, poner de manifiesto el regocijo que proporciona escudriñar en las tripas de la naturaleza humana. Este no es un libro de certezas, sino de puertas que se abren.

Índices, iconos y símbolos

A muchas personas nos ha pasado más de una vez: entramos en un bar con mucho ruido, o llegamos a un país extranjero en el que no dominamos el idioma, y tenemos que pedir o comprar una cerveza, un desodorante... lo que sea. Entonces hacemos gestos. Podemos mover las manos y el cuerpo como si estuviésemos bebiendo un vaso de cerveza o aplicándonos desodorante en las axilas. Aunque, lo más sencillo de todo, si esos objetos están delante de nosotros, es señalarlos con el dedo. Este último sistema lo emplean los bebés de manera instintiva (se trata de uno de los primeros actos de comunicación deliberada que se observa en humanos), y funciona muy bien, ya que se establece una relación física y temporal entre el dedo que apunta y algún objeto o suceso. Este tipo de signos son conocidos como *índices*. El dedo que apunta es un índice del objeto señalado. Son también índices aquellos signos que establecen alguna relación lógica con algún objeto o suceso: por ejemplo, el humo es un índice de la existencia de fuego, una veleta indica la dirección del viento y el olor a churros recién hechos es un índice de que nos acercamos al recinto de las fiestas patronales. Por otra parte, tenemos los *iconos*. Estos son signos que, de alguna manera, se parecen a aquello que tratan de representar. Los gestos de beber un vaso de cerveza, o de aplicar el desodorante, son iconos. También son iconos las onomatopeyas, que ponemos en práctica al tratar de hacernos pasar por un perro o una oveja. Y, desde luego, los iconos más evidentes son aquellos en los que se representa el objeto de atención mediante un dibujo, un grabado, una estatuilla o algún tipo de esquema que lo refleje de manera más o menos directa. Muchas señales de tráfico, la Gioconda y los bisontes pintados en las rocas de la cueva de Altamira son iconos (que pueden tener también, o no, naturaleza simbólica).

Los índices e iconos son universales, en el sentido de que no dependen de ninguna convención. Tienen la gran ventaja de que resultan evidentes para la mayoría de receptores, sin que se necesite ningún aprendizaje previo. Esta facilidad de uso se hace a costa de repertorios bastante limitados sobre los que, además, pesa un pequeño problema: la ambigüedad. El dibujo de una lanza, ¿hace referencia a una lanza de madera de acacia o de madera de cedro?, ¿quizás otro material? Ese olor a churros que ha encendido nuestro tracto digestivo, ¿viene de un puesto que está a 50 o a 300 metros? La cerveza que me pides, ¿es con o sin alcohol?, ¿un tercio o un quinto? Esta ambigüedad puede aclararse, en parte, mediante una combinación de varios iconos, es decir, incluyendo la sintaxis; pero todo se solucionaría y quedaría zanjado con mensajes que rezaran «Lanza de madera de cedro», «Churros La Candelaria a 200 m», o «Por favor, ponme un tercio de cerveza sin alcohol». Pero esto es otro cantar, ya que aquí estamos dando un salto de grandes dimensiones para topar con el simbolismo.

Figura 2. Iconos, índices y símbolos. En nuestra vida cotidiana utilizamos con soltura distintos tipos de signos.

Inventos digitales

Los *símbolos* se establecen por mutuo acuerdo entre quienes los usan. La relación con el objeto, idea o hecho al que hacen referencia es arbitraria, lo cual obliga a que se necesite un aprendizaje para usarlos de forma correcta. El lenguaje es el ejemplo más fascinante que conocemos de sistema simbólico. La palabra «cuchara», en forma oral o escrita, no tiene, en principio, ninguna relación lógica con el objeto al que se refiere, es pura invención, igual que lo son las palabras «spoon», «skje», «kaşık» o «colher». Es cierto que algunas palabras pueden funcionar como índices («este», «aquella»), y también como iconos («clic», «guau»), sin embargo, la inmensa mayoría de palabras son símbolos arbitrarios (incluyendo la arbitrariedad de palabras índice, como «esta» o «this»). A pesar de la dificultad que resulta de la necesidad de un aprendizaje, el lenguaje tiene muchas e importantes ventajas respecto a índices e iconos. Para empezar, iconos e índices son analógicos, frente al lenguaje, que es digital. En los sistemas analógicos los límites no están definidos, sino que existe una continuidad: hay innumerables maneras de dibujar un perro o de imitar el ladrido de un perro, lo cual repercute en la ambigüedad ya indicada (el dibujo que acabo de hacer, ¿es de un perro o de un lobo?). Sin embargo, el lenguaje es digital, está formado por elementos discretos: en el lenguaje oral cada idioma tiene un puñado de sonidos (fonemas) que carecen de cualquier significado, que se combinan de innumerables maneras para formar morfemas y palabras con significado. La naturaleza digital de nuestro sistema fonológico nos permite diferenciar con facilidad entre miles y miles de palabras, y también nos permite inventar todas aquellas palabras que necesitemos. Se calcula que a la edad de 6 años pueden entenderse hasta unas 20000 palabras, y que una persona adulta culta puede distinguir de manera rutinaria entre más de 60000 palabras. Y algo similar ocurre con las lenguas escritas y de gestos. A su vez, mediante reglas sintácticas, las palabras pueden combinarse de infinitas formas para construir frases, que pueden hacer referencia con precisión a cualquier idea o cosa que podamos imaginar, exista o no en el mundo real. Esta modularidad permite construir una cantidad ilimitada de elementos a partir de unas pocas piezas básicas.

Todas las lenguas tienen lo que se llama *doble articulación*, que hace referencia a la existencia de dos niveles estructurales. En el lenguaje combinamos piezas entre sí siguiendo sistemas de reglas. En esencia, y sin meternos en abstrusas complicaciones y discusiones lingüísticas, la cosa puede resumirse así: por una parte hay un nivel de piezas que aisladas no significan nada (los fonemas), que pueden combinarse en unidades mayores llamadas morfemas (en ocasiones un morfema y una palabra resultan ser lo mismo, por ejemplo, el morfema «flor»; pero muchas otras veces un morfema es parte de una palabra, como en la palabra «flores», formada tras unir los morfemas «flor» y «-es»). Y, por otra parte, tenemos un nivel en el que ordenamos palabras para formar cualquier tipo de enunciado. El manual de instrucciones para todo esto se llama *gramática*, y dentro de ella hay una parte dedicada de manera específica a estudiar cómo se combinan las palabras: la *sintaxis*. Una característica básica de la sintaxis de todas las lenguas (o de casi todas, ya que hay discusiones respecto a algún idioma, como el pirahã, hablado por un pequeño pueblo de la Amazonia) es la *recursividad*, que consiste en la capacidad de generar una cantidad infinita de mensajes aplicando un conjunto limitado de reglas sobre un número pequeño de piezas. Puedo decir, por ejemplo «Ayer comí una sardina», o «Ayer por la mañana comí una sardina», o bien «Ayer por la mañana temprano, antes de subir al autobús que me llevaría al trabajo, resulta que me entró un hambre de miedo y como no tenía nada más en casa comí una sardina». Y así hasta que uno se canse.

Para el lingüista Noam Chomsky la propiedad básica del lenguaje, y la operación sintáctica más sencilla sobre la que se articula todo el sistema, es lo que él llama *Ensamble (Merge)*, que consiste en tomar dos elementos sintácticos para generar uno nuevo de jerarquía mayor.

En la evolución humana hay quienes consideran que la capacidad mental que dio el pistoletazo de salida al lenguaje fue el desarrollo de la sintaxis, la capacidad para combinar palabras y frases mediante su propiedad básica *Ensamble*. Por muy sencillo que nos pueda parecer, ningún otro sistema de comunicación animal posee esta propiedad. Las reglas de combinación sobre las que se organiza una lengua permiten generar innumerables mensajes con significado a partir de un grupo reducido de elementos. Los signos y las llamadas que generan los animales no humanos, aunque pueden alcanzar una cierta complejidad son, sin embargo, entes fijos y aislados que por lo común no se combinan para formar mensajes con significados nuevos, distintos a lo que ya significa cada elemento individual. Ni siquiera en los elaborados cantos de algunas aves o de los cetáceos se han encontrado indicios de que los elementos que constituyen sus melodías tengan significado (desde el punto de vista lingüístico; desde luego que tienen un significado evolutivo, pero ese es otro tema), o de la existencia de combinación sintáctica entre sus elementos para generar algún significado nuevo (con todo, algunos investigadores indican que hay monos, como los titís o el cercopiteco de nariz blanca, que son capaces de combinar dos llamadas distintas para generar un mensaje con significado nuevo, hecho que indicaría una incipiente sintaxis; otro ejemplo excepcional es el del bonobo Kanzi, que veremos a continuación).

Aparte de la sintaxis, hay otros autores que sugieren que la habilidad mental que proporcionó el sustrato para la evolución del lenguaje fue el simbolismo, debido a las propiedades cognitivas que confiere la capacidad de trascender el aquí y el ahora. Un índice está siempre encadenado al momento y al lugar en el que se produce. Los iconos pueden hacer referencia a cosas o hechos distantes en el espacio y el tiempo, pero lo hacen de manera limitada. Sin embargo, los sistemas simbólicos carecen de esas ataduras. El lenguaje es libre por completo para evocar momentos del pasado, para elaborar planes de acción en el futuro y, lo que resulta más extraordinario, para hacer referencia a cosas intangibles o que no existen en el mundo físico. Las sociedades humanas modernas se han construido sobre un edificio simbólico de cosas que no existen como algo físico: jerarquías sociales, dioses, sistemas económicos, valores éticos y todo tipo de convenciones sociales. Para pensar en todo eso se necesita no solo un sistema nervioso con capacidad simbólica, sino un sustrato como el lenguaje que facilite la elaboración mental y el intercambio de ideas.

Hay lingüistas que llaman *desplazamiento* a la capacidad que tiene la mente simbólica de ir más allá del lugar y el momento actual; es decir, los humanos modernos podemos pensar y hablar sobre hechos o cosas que están desplazadas en el tiempo y en el espacio respecto a la actualidad. Conviene aclarar aquí que en lingüística el término desplazamiento se ha usado por investigadores distintos con significados muy diferentes, algo que no deja de ser paradójico; en este libro usaré el término tan solo con el significado que acabo de indicar.

El hecho de que una parte de lingüistas considere la sintaxis como el elemento básico del lenguaje y otra parte opine que la esencia está en el simbolismo tiene relevancia a la hora de interpretar toda investigación sobre el origen evolutivo del lenguaje, pero nadie duda de que en el lenguaje moderno los dos elementos constituyen su naturaleza básica.

Comunicación animal

Al profundizar en el estudio del lenguaje que manejamos los humanos modernos, una de las primeras reflexiones que asaltan la mente es la de su relación con los sistemas que utilizan los demás animales para comunicarse. Bajo la perniciosa influencia de la antigua, pero por desgracia todavía vigente, idea de que los seres humanos nos encontramos en algún escalón superior de una supuesta escala evolutiva, resulta fácil caer en la tentación de pensar que hay otros animales que se encuentran en la actualidad «en proceso de» modificar y «mejorar» algunas de sus habilidades para acercarse a un supuesto ideal humano. Sin embargo, la evolución no es eso. Todos los seres vivos que en la actualidad pueblan el planeta son el resultado de más de 3500 millones de años de contingencia evolutiva; todos han pasado los filtros que la interacción con sus respectivos medios ha ido poniendo a lo largo de las generaciones. En un momento cualquiera de la historia de la vida no hay ningún ser «más evolucionado» que otro. Una garrapata está adaptada de forma magnífica para vivir saltando sobre otros animales e inflarse chupando su sangre, cosa que los seres humanos hacemos bastante mal. Esto no quiere decir que estemos menos evolucionados que las garrapatas. Pero es que, además, la evolución no es una característica que posean los seres vivos, sino que es el nombre que damos a un proceso que actúa sobre todos. Teniendo en cuenta esto, un chimpancé no está menos evolucionado que un humano moderno por el hecho de no hablar, simplemente está adaptado a sus circunstancias biológicas y evolutivas particulares. La expresión «estar más —o menos— evolucionado que» no tiene sentido. Con todo, debe quedar claro que, en el planeta Tierra y hasta donde sabemos, el lenguaje es una característica exclusiva de los seres humanos, por mucho que le pese a Walt Disney.

Que no posean lenguaje no quiere decir que los animales no se comuniquen, ni mucho menos. Resulta difícil encontrar una especie animal que no posea algún sistema de comunicación más o menos complejo (incluidas las garrapatas, que se comunican, entre otras formas, mediante feromonas, sustancias químicas que emite la garrapata hembra y que modifican el comportamiento sexual del macho). Mediante sustancias químicas, sonidos, gestos o señales visuales, los animales han generado una cantidad fascinante de sistemas de comunicación que sirven para regular su comportamiento social, apareamiento y otras respuestas relacionadas con la supervivencia (como señales de alarma, o de la existencia de alimento). Sin embargo, ninguno de los sistemas de comunicación animal es un lenguaje, y la razón es simple: los animales no humanos utilizan índices, no símbolos. Se trata de señales que hacen referencia al momento y el lugar presentes. Excepto en un interesante caso —que comentaré en breve— en los sistemas de comunicación animal no hay desplazamiento. Además, son señales en su inmensa mayoría rígidas, estereotipadas, grabadas en la dotación genética de cada especie, que no se han generado por el acuerdo recíproco y la distribución cultural (digo en su mayoría, ya que existen algunos sistemas de comunicación animal —como en algunas aves y cetáceos— en los que, aun siendo índices y careciendo de desplazamiento, sí que hay un componente de aprendizaje y transmisión cultural). Y hay otra diferencia más, esencial, entre el lenguaje y todos los sistemas conocidos que utilizan los animales: carecen de sintaxis. Como ya hemos visto, las señales que emiten los animales no humanos no se combinan para generar significados nuevos, sino que tienen significado completo por sí mismas. Solas, o generadas una detrás de otra, cada señal significa siempre lo mismo. En el lenguaje ocurre exactamente lo contrario: una palabra sola raramente sirve para comunicar algo, necesita combinarse con otras palabras para generar una idea clara.

Algunos investigadores han sugerido que las llamadas de alerta de los cercopitecos verdes, una especie de monos del sureste africano, pueden ser equivalentes a las palabras de un lenguaje. Resulta que estos animales producen tres tipos distintos de señales sonoras de alerta dependiendo de si la amenaza es un águila, una serpiente o un leopardo. La relación entre el sonido y el tipo de amenaza es, en efecto, arbitraria —o eso suponemos— y, al igual que las palabras, hay una relación de referencia entre la llamada y el tipo de amenaza (las palabras o las combinaciones de palabras hacen siempre referencia a algo); sin embargo, en las llamadas de los cercopitecos no existe referencia simbólica, sino que se trata de un mecanismo automático, en el que la relación entre el estímulo y el estado emocional que producen es fija. Es una reacción instintiva, involuntaria, que no se puede reprimir, estereotipada y contagiosa, similar a, por ejemplo, la risa que puede provocar en nosotros una escena simpática, o al grito que producimos al recibir un susto. Nuestras risas y gritos son reacciones automáticas, innatas, señales analógicas excelentes para transmitir emociones, que hacen referencia a la situación inmediata, pero sin simbolismo. Por el contrario, sí que existe manejo de símbolos si dos días después le contamos a otra persona mediante palabras el acto que provocó nuestra risa.

Volviendo con la reflexión evolutiva del comienzo de este apartado, es importante recalcar que el hecho de que los sistemas de comunicación animal carezcan de simbolismo, de desplazamiento y de sintaxis —es decir, que no sean un lenguaje— no supone que se trate de sistemas «menos evolucionados» o de algún tipo de precursores del lenguaje humano. Simplemente, son otra cosa. Las llamadas que emiten muchos animales para el apareamiento o para indicar algún peligro funcionan con eficacia precisamente porque se trata de señales estereotipadas que reflejan algo que está ocurriendo en ese preciso lugar e instante.

En lo que respecta al desplazamiento, hay alguna excepción, casos sorprendentes protagonizados, no por grandes primates, sino por unos pequeños animales: himenópteros. Dentro de este grupo el ejemplo más claro —y estudiado— es el de las abejas de la miel (*Apis mellifera*). A principios del siglo pasado uno de los padres de la etología, el austríaco Karl von Frisch, se dedicó a estudiar la vida de las abejas, llegando a conclusiones que resultaron difíciles de asumir por los científicos de la época. Una de ellas, ahora ya plenamente confirmada, era la existencia de un sistema de comunicación con desplazamiento. Las abejas son animales buscadores-recolectores que salen al campo en busca de flores de las cuales obtienen néctar y polen. Si un individuo encuentra un grupo de flores útil para el grupo, es capaz de regresar a la colmena y, en su interior, comunicar a qué distancia y en qué dirección con respecto al Sol se encuentran esas flores. Transmite esa información mediante una danza, que es ejecutada separada en el tiempo y en el espacio de la fuente de alimento que encontró en el exterior. Las abejas realizan este comportamiento de manera instintiva y, en ningún caso, se ha propuesto que tengan algún tipo de pensamiento simbólico; de hecho, la danza no consiste en elementos arbitrarios, sino que se trata de movimientos de naturaleza icónica: la frecuencia y/o duración de los movimientos es proporcional a la distancia, y la posición de la abeja en el panal es relativa a la posición del Sol. Sin embargo, como veremos más adelante, el lingüista Derek Bickerton considera que este ejemplo es muy ilustrativo y puede dar pistas sobre las circunstancias en que nuestros ancestros humanos desarrollaron el lenguaje. Para él, la génesis de la capacidad de desplazamiento en la mente de nuestros ancestros fue la semilla que impulsó la evolución del lenguaje, ya que de esa manera se produce un pensamiento «en diferido» que favorece la aparición del simbolismo.

El bonobo que maneja símbolos

Como acabamos de ver, el lenguaje es una herramienta sustancialmente distinta de todos los demás sistemas de comunicación animal. No existe una continuidad en complejidad entre ellos, sino que lo que hay es un abismo. Precisamente por eso los sistemas de comunicación animal ofrecen muy pocas pistas sobre el proceso evolutivo que pudo haber dado lugar al lenguaje. A pesar de ello, y a falta de otro lugar mejor en dónde buscar, muchas investigaciones sobre la evolución del lenguaje se han centrado en algunos de nuestros parientes vivos más próximos, como orangutanes, chimpancés y, sobre todo, bonobos (una especie similar al chimpancé, aunque de menor tamaño, que vive en una región muy restringida de la cuenca del río Congo, en la República Democrática del Congo). Aunque ninguno de nuestros parientes vivos habla o posee algún otro tipo de lenguaje —por ejemplo, de gestos—, las personas que trabajan con esos animales se han esforzado durante años tanto en enseñarles a hablar —de forma oral o con gestos— como en enseñarles a manejar símbolos para comunicarse.

El ancestro común que tenemos con chimpancés y bonobos vivió en algún lugar de África hace al menos 6 millones de años. A partir de ahí los senderos evolutivos se diversificaron hasta dar con el momento actual. Como cualquier otra especie, los chimpancés y los bonobos están adaptados para sobrevivir y reproducirse en unas condiciones determinadas, es lo que mejor saben hacer. Si no hablan es porque los engranajes de la evolución nunca los llevaron por esa ruta, nunca existió esa presión, nunca necesitaron dar los pasos que conducen al lenguaje o, incluso pudiendo ser beneficioso para alguno de sus ancestros, nunca dispusieron del paquete de características que se necesitan para poner en marcha la maquinaria lingüística. Los bonobos y los chimpancés no son primates «en el proceso de» convertirse, con el tiempo, en algo parecido a los seres humanos. No. Son, simplemente, otras especies. Sin embargo, como decía, algunos investigadores se han empeñado en hacerles hablar, quizás con la idea de que son un ejemplo vivo de alguno de nuestros ancestros. Los resultados de todos esos experimentos han sido bastante limitados, pero, sin embargo, uno de esos proyectos de investigación ha producido un fruto de gran interés: su nombre es Kanzi y vive en el Iowa Primate Learning Sanctuary (Estados Unidos).

En el proceso que ha conducido al lenguaje en nuestra especie han confluido tres tipos de adaptaciones muy distintas: evolución de las habilidades orales y gestuales, evolución del pensamiento simbólico y evolución de la capacidad de sintaxis. Para que esto sucediera tuvieron que producirse modificaciones anatómicas en las vías aéreas y en la cavidad bucal, cambios en la estructura del encéfalo y en las capacidades cognitivas que se derivan de ellos, y también el desarrollo de habilidades sociales e interacciones culturales. Todos los experimentos en los que se pretendía que algún primate no humano se comunicase con algún tipo de palabra de forma oral han fracasado, consiguiendo, como mucho, que produjesen dos o tres palabras —o algo parecido a palabras—. Observado con la perspectiva actual, parece evidente que nuestros parientes primates no disponen del conjunto de adaptaciones que les permitan producir, modular y articular la amplia gama de sonidos que nosotros generamos. Hay que tener en cuenta además que, en la evolución del lenguaje, los cambios más importantes son los que han ocurrido en el encéfalo, no en los órganos del habla. La *externalización* de lo que pasa por la mente es una característica necesaria para la comunicación, pero secundaria en lo que respecta a la evolución de las habilidades cognitivas. Esto lo muestran con claridad las personas sordas, que poseen un encéfalo igual de adaptado que el resto de humanos para el lenguaje, pero que en su caso se externaliza mediante gestos en vez de sonidos.

El bonobo Kanzi, como era de esperar, es incapaz de articular palabras orales, pero se ha convertido en el campeón mundial de los primates no humanos en comprensión simbólica y del lenguaje oral. Mientras los investigadores trataban de enseñar a su madre, Matata, un sistema de símbolos para comunicarse con los humanos, el bebé Kanzi jugaba y se movía a su antojo por el laboratorio. Su madre, una bonobo adulta, fue incapaz de lidiar con los símbolos que trataban de enseñarle, igual que les ha pasado a otros bonobos adultos. Sin embargo, Kanzi, con su sistema nervioso en pleno desarrollo, absorbió sin ninguna instrucción específica los sonidos y símbolos que se mostraban en el laboratorio. Hoy en día Kanzi entiende de manera rudimentaria el idioma oral inglés, se le pueden dar instrucciones sencillas y las cumple de manera correcta, y además ha aprendido a manejar un panel de símbolos (lexigramas), que se corresponden con palabras inglesas. Los lexigramas no tienen ningún parecido con la palabra que representan y son, por lo tanto, auténticos símbolos.

Los progresos de Kanzi son de gran interés y podría pensarse que ha desarrollado algo parecido a un incipiente lenguaje. Sin embargo, no es así, por dos poderosas razones: la capacidad de comunicación que posee Kanzi carece de desplazamiento, todo lo que entiende y todo lo que produce mediante lexigramas hace referencia al momento presente, a sus necesidades inmediatas. En este sentido, sigue anclado en el aquí y el ahora. Y, por otra parte, la comunicación de Kanzi carece de sintaxis, es decir, de la capacidad de combinar lexigramas de manera elaborada. En ocasiones es capaz de combinar dos lexigramas para indicar algo (por ejemplo «no» + «balloon»: «no pelota»), pero no es lo habitual. En su espacio natural de la cuenca del Congo los bonobos no parece que manejen ningún tipo de pensamiento abstracto o de comunicación simbólica, sin embargo, bajo las condiciones de manipulación y control deliberados en un laboratorio, Kanzi ha demostrado que tienen la capacidad de desarrollar una incipiente comprensión simbólica. No la desarrollan en condiciones naturales, pero su organismo sí que posee esa potencialidad. Según esto, es posible que el ancestro común de humanos y bonobos —y chimpancés— tuviera ya un sistema nervioso capaz de aprehender alguna pizca de simbolismo.

El gran problema

Una vez que se reconoce al lenguaje como un sistema único, sobre el que se ha forjado lo que hoy en día somos los *Homo sapiens*, surge una cuestión que se ha convertido en uno de los mayores problemas de la ciencia actual: cómo ha sido su evolución. Todos los indicios apuntan a que el lenguaje surgió en algún momento entre hace dos millones de años y hace unos 80 000 años. De manera más o menos brusca, o mediante un lento proceso de selección natural y cultural, la capacidad lingüística se asentó en el género *Homo*. La cuestión de la evolución del lenguaje, y de la mente simbólica que se requiere para ello, es un gran problema por varias razones: se desconoce la función evolutiva de las primeras palabras o protopalabras —que podían consistir en sonidos, gestos o una combinación de ambos—; se desconoce qué capacidades cognitivas o comportamientos fueron los precursores del lenguaje, ya que la relación con los otros sistemas de comunicación animal es muy débil; se desconocen los detalles de la evolución y la importancia relativa de los elementos necesarios para su existencia (cambios anatómicos, fisiológicos, sociales y culturales); se desconoce en qué especie —si es que lo hizo en alguna otra previa al *Homo sapiens*— se desarrolló. Una ensalada de misterios que ha dado lugar a uno de los campos de investigación más fascinante de la ciencia, produciendo todo tipo de hipótesis y fructíferas discusiones.

El lingüista Derek Bickerton ha señalado que uno de los problemas para avanzar con paso firme en el misterio de la evolución del lenguaje es la tendencia a considerar «el lenguaje» como una entidad única, cuando en realidad la existencia de esta capacidad en los seres humanos se debe, como he indicado más arriba, a la confluencia evolutiva de tres elementos básicos, cada uno de ellos con su historia evolutiva particular: las habilidades orales y gestuales, el pensamiento simbólico y la capacidad de sintaxis. Bickerton no ve razón alguna para suponer que estos tres elementos evolucionaron como un mismo paquete, por lo que sería un error inferir que la existencia de una de esas características —por ejemplo, la habilidad para una comunicación oral articulada y compleja— implica de manera automática la existencia de las otras.

En nuestro caso, y para introducirnos en el tema sin hacer mucho ruido, vamos a ver en primer lugar algunos detalles de la historia evolutiva del género *Homo*.

La senda de los cabezudos

Los humanos formamos parte de los *homininos*, una subtribu de primates caracterizados por caminar a dos patas —tenemos una locomoción bípeda— y con una postura erguida. Los fósiles de homininos más antiguos que conocemos tienen entre 6 y 7 millones de años de antigüedad y corresponden a una especie llamada *Sahelanthropus tchadensis*, encontrada en el norte del Chad. Como en muchos otros aspectos de esta historia, los científicos son un mar de dudas —lo cual es una notable y deseable característica de la ciencia— y aún no tienen claro si *Sahelanthropus* debe clasificarse como hominino o bien pertenece a otro grupo. Tienen menos dudas con *Ardipithecus ramidus*, una especie que vivió en África hace algo más de 4 millones de años. Más adelante entraron en escena géneros que habitaron el oriente y sur africano como *Australopithecus* (con especies de entre hace unos 4 y 2 millones de años) y *Paranthropus* (que vivieron entre hace algo más de 2 millones de años hasta hace 1 millón de años). En la historia evolutiva de los homininos se observa una tendencia anatómica que llama la atención al primer vistazo: el sustancial aumento del tamaño del cráneo y, por lo tanto, de lo que lleva dentro. Un chimpancé actual tiene una capacidad craneal (el volumen que puede alojar el cráneo en su interior) de unos 400 centímetros cúbicos (cm^3), pero hace millones de años los australopitecos habían superado ya ese valor y cargaban sobre sus hombros encéfalos de unos 450 cm^3. Esta extravagancia evolutiva de fabricar encéfalos voluminosos, con lo caros que salen, parece que tuvo éxito, ya que la tendencia a aumentar de tamaño ya no se detuvo.

Sobre el tamaño del encéfalo

Hay varios métodos para comparar de forma sencilla los encéfalos de distintos animales y con ello observar, por ejemplo, tendencias evolutivas. Lo más simple es tomar todo el encéfalo y utilizar su volumen, o su peso, o —si no hay más remedio, como en las especies extintas— el volumen endocraneal o capacidad craneal. En los animales se observa una correlación positiva entre el tamaño —o el peso— del cuerpo y el del encéfalo, de manera que el tamaño de este último tiende a aumentar con el tamaño del animal (aunque también ocurre que los animales pequeños tienen encéfalos en proporción más grandes; en términos técnicos, en estos casos en que las dimensiones no varían de manera proporcional, se dice que la relación es *alométrica*). Una ballena azul adulta tiene un encéfalo de unos 7 kilos, cinco veces mayor que el de *Homo sapiens*. Debido a la gran diferencia de tamaño, comparar sin más el encéfalo de una ballena con el de un ser humano no parece muy útil para sacar conclusiones sobre las capacidades cognitivas, aunque utilizar este valor de tamaño —o peso—

absoluto para comparar especies próximas —como las especies de *Homo* de este libro— puede ser suficiente para hacerse una idea de las tendencias evolutivas. Pero en ocasiones esta medida bruta no sirve y lo que se utiliza es el tamaño encefálico relativo, que se calcula teniendo en cuenta el tamaño —o peso— del cuerpo. En este caso, los humanos modernos destacamos con claridad dentro de los mamíferos, con un tamaño encefálico que es 4-5 veces mayor que lo que cabría esperar para un mamífero promedio de nuestro tamaño corporal. A partir de esta información puede calcularse el llamado cociente de encefalización (CE), que resulta de comparar el tamaño medido con el tamaño esperado. Entre los animales vivos no humanos, los que tienen cocientes de encefalización más grandes son algunos mamíferos marinos, con valores que rondan el 5 (se trata de un valor arbitrario, sin unidades, calculado a partir del valor que tendría un mamífero promedio, con CE=1). Los *Homo sapiens* somos el animal con mayor cociente de encefalización, con un valor de 5,8 (o incluso más, según algunos autores), seguidos muy de cerca por *Homo neanderthalensis* (5,5) y *Homo heidelbergensis* (5,3). Por su parte, *Homo erectus/ergaster* tiene valores alrededor de 3,5, y *Australopithecus afarensis* de 2,5. Es común utilizar alguno de estos índices (tamaño absoluto, tamaño relativo, cociente de encefalización) para hacerse una idea de las capacidades cognitivas de los distintos animales, ya que se ha comprobado que el aumento de tamaño de los encéfalos se debe en la mayoría de los casos a un incremento en el número de neuronas. Sin embargo, las habilidades mentales no se deben en exclusiva a la cantidad de neuronas, sino que también hay que tener en cuenta la arquitectura de las neuronas y el tipo de conexiones que es-

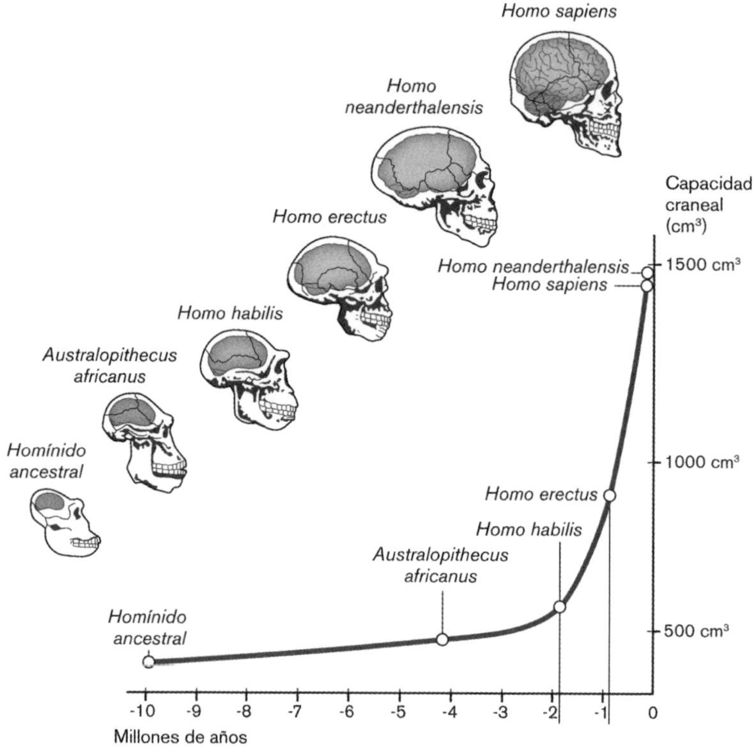

Figura 3. Tamaño encefálico de algunos homininos. En los últimos 2 millones de años se ha producido un considerable aumento de la capacidad craneal.

tablecen. Además, en un mismo encéfalo, las distintas regiones no tienen la misma citoarquitectura (la forma de las neuronas, con sus proyecciones) ni densidad neuronal, por lo que hay que ser cautos a la hora de establecer comparaciones. De todas maneras, entre especies próximas estos parámetros son similares y muchos estudios —y también este libro— utilizan simplemente el tamaño absoluto del encéfalo para establecer comparaciones con las habilidades cognitivas.

Las primeras herramientas

Es posible que alguna especie de australopiteco, como *Australopithecus garhi* (de hace unos 2,5 millones de años), esté en la línea evolutiva que conduce a los humanos, al género *Homo*, nuestra casa filogenética. La especie más antigua de este género es *Homo habilis*, con restos fósiles de entre 2,4 y 1,4 millones de años. Aunque algunos investigadores dudan de si debería pertenecer al género *Homo*, lo que sí está claro es que su encéfalo era mayor que el de los australopitecos, con un promedio de unos 600 cm^3 de capacidad craneal. Es en este período de la prehistoria, hace algo más de dos millones de años, cuando se desarrolla con plenitud la habilidad para realizar herramientas de piedra: lascas con filo cortante, arrancadas a golpes de un núcleo de piedra de mayor tamaño, que permitirían acceder con eficacia a una fuente de energía antes inexplorada por nuestros ancestros, la carne. Recientemente se ha descubierto un grupo de herramientas en el sitio arqueológico de Lomekwi 3, en Kenia, con una antigüedad de 3,3 millones de años (se desconoce qué especie las realizó, pero todo indica que se trata de algún hominino anterior al género *Homo*). Mucho más conocidas y estudiadas son las herramientas de piedra y sus accesorios (lo que se conoce como *industria lítica*) de la llamada cultura *olduvayense* (de Olduvai, en Tanzania), también denominada, de manera poco imaginativa, Modo 1 (se han encontrado instrumentos de estilo olduvayense de unos 2,6 millones de años, en la región del río Gona en Etiopía, que podrían haber sido elaborados por *Australopithecus garhi*). La postura erguida dejó libres las manos, y así pudieron dedicarse a tareas nuevas, como, por ejemplo, hacer cosas con las piedras. Resulta difícil discernir si existe una relación directa entre la aparición de estas habilidades manuales y el aumento del tamaño encefálico y, de existir una relación, si el encéfalo de mayor tamaño fue la causa o la consecuencia de esas habilidades. En cualquier caso, una vez que ambos procesos evolutivos se pusieron en marcha, es muy probable que se realimentaran de forma mutua, entrando en un ciclo de selección natural y cultural en el que encéfalos grandes permitirían el desarrollo, transmisión y aprendizaje de labores manuales que, a su vez, generarían una presión selectiva a favor de un mayor número de neuronas. Para tallar una piedra no es solo necesario un cerebro imaginativo y con capacidad de previsión, sino que son también necesarias neuronas y conexiones que permitan transformar esa actividad mental en la realización de movimientos voluntarios de gran precisión. Entre las investigaciones recientes más interesantes sobre la evolución del encéfalo humano, destaca el papel del gen *SRGAP2*. Todos los mamíferos portan una versión ancestral del gen, pero hay al menos tres variantes que solo existen en humanos. Una de esas versiones humanas, *SRGAP2C*, apareció hace 2,4 millones de años y tiene efectos directos en el desarrollo encefálico, incrementando tanto la velocidad de migración de las neuronas como la densidad de sinapsis. El hecho de que esta mutación (en concreto se trata de una duplicación) haya ocurrido en la misma época en la que aparecen las herramientas olduvayenses sugiere que puede existir una relación. Algunos investigadores proponen, además, que este gen pudo ser crucial para el desarrollo de conexiones neuronales directas entre la corteza cerebral y las motoneuronas encargadas de regular los movimientos de la laringe, una característica que, dentro de los primates, solo poseen los humanos y que resulta esencial para el control voluntario de la fonación.

No parece que los primeros homininos carnívoros cazaran a sus presas, sino que eran carroñeros que aprovechaban los restos que dejaban leones, tigres, hienas y buitres. Sin las herramientas adecuadas no resulta sencillo cazar a un animal. Los grandes depredadores nacen provistos de eficaces garras y colmillos, y los humanos, mucho más adelante en su evolución, fabricarán lanzas, jabalinas, arcos y flechas. Pero en tiempos de *Homo habilis* aún no se habían inventado esas armas de caza. Las variaciones climáticas de aquella época habían convertido grandes extensiones del sur y este de África en una sabana por la que vagaban herbívoros, depredadores y, entre otros, los primeros *Homo*. Nuestros ancestros dejaron a un lado la dieta herbívora y se fueron especializando en la carne que les sobraba a los otros animales. Para ello les resultaron muy útiles los afilados fragmentos de piedra que fabricaban con sus manos recién liberadas, con los que separaban la carne del hueso. Esta nueva dieta, mucho más rica en proteínas y más fácil de digerir que las fibras vegetales, facilitó una interesante transformación evolutiva: el tracto digestivo se hizo más corto, lo cual permitió un considerable ahorro de energía, que se sumaba a las proteínas extra que se ingresaban al organismo. En los estudios paleoantropológicos se maneja la hipótesis de que fue precisamente este incremento energético lo que permitió un aumento del tamaño encefálico. Las neuronas son células muy voraces y hay que darles de comer.

Con tanto hueso sobre la mesa, los primeros humanos dieron además con un nicho ecológico nuevo: la médula ósea, el tuétano que recorre el interior de los huesos. Una sustancia muy nutritiva que era dejada de lado por la mayoría de depredadores, pero que podía ser aprovechada por los humanos, que descubrieron así otro reconfortante uso para las piedras. Hace unos 2 millones de años nuestros ancestros eran, por lo tanto, buscadores-recolectores carroñeros y comedores de huesos (según muchos indicios, lo de cazador-recolector vendría más adelante). En los huesos fósiles de herbívoros de aquella época se han encontrado marcas tanto de los dientes de depredadores como de los afilados cuchillos de piedra humanos. Esas marcas proporcionan una pista muy útil ya que, estudiando cómo se superponen unas sobre otras, es posible conocer qué animal llegaba antes al hueso y, por lo tanto, qué animal tenía acceso primario a la carne. En los restos más antiguos parece claro que primero se daban el festín peligrosos depredadores como los tigres de dientes de sable y, más tarde, llegaban los humanos con sus piedras afiladas. Tener unos caninos enormes, como los que poseían esos felinos, está bien para dar caza a la presa, pero complica un poco el aprovechamiento de la carne.

Sin embargo, algo importante tuvo que ocurrir en el comportamiento de aquellos humanos ancestrales ya que, con el paso del tiempo, las marcas en los huesos se invierten, y muestran que los humanos pasaron a tener acceso primario a la carne. De alguna forma hicieron frente y mantuvieron a raya a los otros depredadores, y en esto, como veremos en los siguientes capítulos, parece que tuvo mucho que ver tanto el tamaño del grupo como el florecimiento del lenguaje y el correspondiente pensamiento simbólico. No se trataría de un lenguaje establecido con plenitud como el que tenemos ahora, sino algún tipo de protolenguaje que facilitaría la organización social de grupos con un número de individuos cada vez mayor.

La tecnología más exitosa de la historia

Hace unos 2 millones de años comienza a aparecer en el registro fósil una nueva especie humana, *Homo erectus*, que luce un cráneo con una capacidad deslumbrante, nada menos que unos 800 cm^3, alcanzando en algunos individuos los 1000 cm^3. Nuestros ancestros se convirtieron en seres notablemente cabezones. La realimentación entre el tamaño del encéfalo y las habilidades manuales parece que funcionaba, y ello alumbró una tecnología lítica más elaborada y, a juzgar por el tiempo que se mantuvo vigente, muy eficaz: la industria *achelense* (de Saint-Acheul, Francia), también conocida como Modo 2. El instrumento estrella achelense es la llamada hacha de mano de simetría bifacial, conocida también como bifaz (aunque, en rigor, bifaz es una denominación más genérica, que se aplica también a otros instrumentos con esa simetría). El término «hacha» es también engañoso, ya que es muy probable que esas piedras talladas (de sílex, cuarcita y otros tipos de roca) tuvieran usos múltiples, como cortar carne, romper hueso, cortar madera, funcionar como proyectil o como arma de ataque, o incluso como elemento artístico capaz de mostrar las habilidades manuales y mentales de quien la crea (por ejemplo, con fines rituales para el apareamiento). Las bifaces achelenses, muchas de ellas labradas con esmero con hermosa forma de lágrima, se estuvieron fabricando por miembros del género *Homo* durante nada menos que 1,5 millones de años; las más antiguas son de hace unos 1,75 millones de años, y las más recientes de hace unos 250 000 años. Un millón y medio de años elaborando el mismo modelo. Ninguna otra cosa fabricada por los humanos ha durado semejante barbaridad de tiempo (nuestra propia especie, *Homo sapiens*, lleva sobre la Tierra tan solo unos 300 000 años; el modelo de tu teléfono móvil lleva en el mercado como mucho unos pocos años, y será reemplazado en breve por otro modelo nuevo). Se han encontrado bifaces en África, parte de Europa, Oriente Medio y Asia (principalmente en el suroeste). El invento, que se atribuye a *Homo ergaster* (la supuesta variante africana de *Homo erectus*) se difundió por las regiones que fueron habitando los primeros humanos que salieron de África más allá del Levante (en Oriente Próximo) y pasó, generación tras generación y con ligeras modificaciones, a otras especies, como *Homo heidelbergensis* y *Homo neanderthalensis*.

Para elaborar una bifaz se requiere, además de fuerza y destreza con las manos, una mente capaz de imaginar la forma final de la herramienta. Por esta razón hay quienes ven en este objeto uno de los primeros atisbos de pensamiento simbólico y, quizás, de lenguaje, usado este último como medio docente para enseñar a los más jóvenes la técnica de elaboración (esto es discutible, ya que se ha comprobado que es posible aprender a hacer herramientas de piedra con la mera observación). Por su parte, otras habilidades cognitivas como la capacidad para el

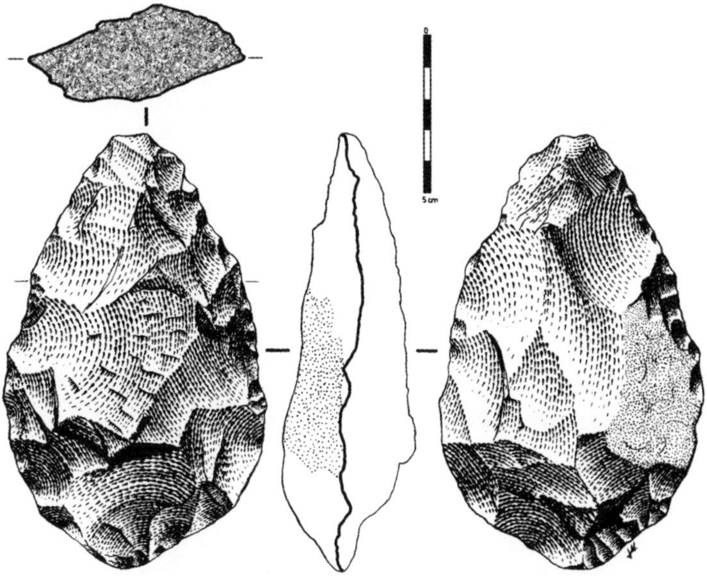

Figura 4. Bifaz achelense. Una herramienta producida por los humanos durante nada menos que 1,5 millones de años.

aprendizaje y la transmisión cultural debían de estar ya bien desarrolladas en *Homo erectus*, ya que esta especie se extendió por África y Eurasia estableciéndose en regiones de características climáticas y orográficas muy variadas, lo cual debió obligarles a generar un buen abanico de adaptaciones culturales —ya que las biológicas van más lentas—, para lo cual es importante la capacidad de imitación y aprendizaje.

Los primeros europeos

No parece que *Homo erectus* llegase a poblar Europa occidental, pero quienes sí lo hicieron fueron *Homo antecessor* y *Homo heidelbergensis*. Los fósiles de *Homo antecessor*, con una antigüedad que ronda el millón de años, se han encontrado hasta el momento tan solo en el yacimiento de la Gran Dolina, que forma parte del extraordinario complejo de yacimientos de Atapuerca (Burgos). Sí que han aparecido en muchos lugares más fósiles, muchísimos más, de una especie posterior, *Homo heidelbergensis*, que se distribuyó por Oriente Próximo, África, Europa y otras regiones del planeta hace unos 700 000 años. Poseían una capacidad craneal media de 1250 cm^3, ya dentro del rango de los *Homo sapiens*, y tienen el mérito de haber fabricado las primeras herramientas que combinan varias piezas: lanzas de madera con punta de piedra, a lo que se suma un tercer elemento para unir ambas piezas. Las más antiguas son de hace unos 500 000 años y fueron descubiertas en Sudáfrica (yacimiento de Kathu Pan 1). El proceso de producción de esas armas es más complejo que el de las hachas de piedra e implica un grado mayor de conocimiento, planificación y reflexión. Algunos investigadores argumentan que las habilidades cognitivas que son necesarias para hacer esto —una secuencia concreta y muy elaborada de movimientos— son similares a la que se usan en la sintaxis para componer una frase; de manera que estas lanzas podrían indicar la existencia de una arquitectura cerebral capaz de elaborar un lenguaje. También, asociadas a esta especie, son unas estilizadas y muy bien rematadas lanzas de madera, de hace 400 000 años, encontradas en Alemania (yacimiento de Schöningen) junto a restos de caballos. Estas armas son el indicio inequívoco más antiguo de que los individuos de *Homo heidelbergensis* no se limitaban a ser recolectores-carroñeros, sino que practicaban la caza activa de grandes mamíferos. Los estudios apuntan a que no se utilizaban a modo de jabalina (lanzándolas a distancia), sino que se usaban como picas, empujando directamente sobre la presa.

El yacimiento de la Sima de los Huesos de Atapuerca es la concentración más impresionante y jugosa de restos de humanos fósiles que se conoce. Allí, al final de una complicada y angosta gruta que remata con una estrecha caída vertical de trece metros, se han ido desenterrando —y el trabajo sigue— más de 6000 restos óseos de *Homo heidelbergensis* (se trata de una versión avanzada de *Homo heidelbergensis*, próximos por su anatomía a *Homo neanderthalensis*; hay quienes, de hecho, los consideran neandertales primigenios), que corresponden a unos 28 individuos, junto con también una gran cantidad de restos de otros animales, como osos, leones o linces. Aquel no era, desde luego, el cuarto de estar de ninguna vivienda prehistórica. No está nada claro cómo llegaron los huesos hasta aquella sima recóndita. El equipo investigador de Atapuerca maneja la posibilidad de que se trate de un entierro ritual. Eso sería una novedad en la historia de los humanos, que apuntaría ya con cierta solidez a la existencia de pensamiento simbólico —y, por lo tanto, la potencialidad para el lenguaje—. La principal pista que indica la posible existencia de algún ritual es una hermosa bifaz de cuarcita de tonos rojizos que ha aparecido entre los huesos. En la sima, que no era un lugar utilizado como vivienda, no se ha encontrado ningún otro resto de industria lítica, de manera que esa pieza tuvo que ser lanzada allá abajo por algún humano, o incluso llevada hasta allí por un moribundo *Homo heidelbergensis*, atrapado en aquella sima de la que no parece fácil salir una vez que se resbala hacia el abismo.

En el yacimiento de Twin Rivers (Zambia), con estratos de alrededor de 300 000 años de antigüedad y asociado también a *Homo heidelbergensis*, han aparecido decenas de piezas de roca y mineral relacionadas con la elaboración de pigmentos (hematites, limonita, etcétera), lo que también apunta a un posible uso ritual y, de nuevo, simbolismo. Los distintos indicios, aunque débiles, muestran que algo estaba cambiando en la cabeza de los humanos que poblaron el mundo en aquella época. Pocos expertos pondrían la mano en el fuego para defender con rotundidad que aquellos seres manejaban ya un lenguaje completo (con sintaxis, la propiedad Ensamble, etcétera); muchos defienden que sí existiría algún precursor del lenguaje (palabras aisladas en forma de sonidos o gestos, pero sin sintaxis); y la mayoría tiene pocas dudas sobre la existencia de un germen de mente simbólica dentro de aquellos cráneos, capaces de producir herramientas de piedra talladas con esmero y de elegante simetría, esbeltas lanzas de madera, armas de madera con punta de piedra y pigmentos que podrían ser usados para marcar el cuerpo. La mente simbólica estaba en marcha.

Cara a cara

Hubo un momento en la historia de la humanidad en que dos especies de seres humanos compartieron parte del territorio europeo y de Oriente Próximo. Los protagonistas se llamaban *Homo neanderthalensis* (que ya no existen) y *Homo sapiens* (nosotros). La historia de la evolución e interacción de estas dos especies sigue siendo una de las aventuras más fascinantes de la paleoantropología. El origen de ambas parece ser el mismo: *Homo heidelbergensis*. Los *heidelbergensis* se distribuyeron por buena parte de África y Eurasia. En las regiones del norte se sucedían importantes cambios climáticos que condicionaban el desplazamiento de los humanos. Entre las hipótesis más firmes y coherentes que se manejan para explicar lo que sucedió a continuación, está la siguiente: es muy probable que, con el tiempo, los *heidelbergensis* africanos quedaran aislados del resto durante cientos de miles de años, lo que originó al menos dos linajes evolutivos distintos: en Europa, *Homo heidelbergensis* daría lugar a *Homo neanderthalensis*, y en África los *heidelbergensis* serían los ancestros directos de *Homo sapiens*. Durante decenas de miles de años, neandertales y *sapiens* siguieron caminos distintos, originando mentes, culturas y estructuras sociales diferentes.

Los individuos de *Homo neanderthalensis* tenían un cuerpo robusto, de complexión fuerte, de menor estatura y hombros más anchos que *Homo sapiens*. Máquinas biológicas con una fisiología adaptada al frío y capaces de cazar grandes mamíferos. Su capacidad craneal era sorprendente, con promedios de 1400 cm^3 en las hembras y de 1600 cm^3 en los machos. Fueron los humanos con mayor volumen encefálico, superando los valores que hoy en día exhibimos los *Homo sapiens* (entre 1130 y 1260 cm^3). Fabricaban herramientas de piedra con una técnica que se conoce como *musteriense* (o, también, Modo 3), algo más refinada que la achelense, y eran capaces de cazar renos, ciervos, caballos, uros y bisontes. Y, sin embargo, nunca inventaron la aguja de coser, algo que les resultaría bastante útil para elaborar prendas ceñidas al cuerpo con la que llevar mejor los rigores del frío.

Los humanos anatómicamente modernos se originaron y expandieron en África hace al menos 300 000 años (esa es la edad de los restos más antiguos encontrados hasta la fecha, que provienen del yacimiento de Yebel Irhoud, en Marruecos) y, con una mente simbólica y un lenguaje plenamente desarrollados, salieron de aquel continente y comenzaron a colonizar el resto del planeta hace entre 130 000 y 60 000 años. Se calcula que el núcleo original africano a partir del cual se produjo esta dispersión estaría formado por un mínimo de 600 individuos y no más de 10 000 (estos datos pueden obtenerse a partir de la tasa de mutación del ADN mitocondrial). Los *Homo sapiens* de hace 300 000 años tenían unas características anatómicas similares a nosotros, los *sapiens* de la era de Internet y los *smartphones*, pero es muy probable que la naturaleza de su mente consciente, así como sus habilidades simbólicas y lingüísticas, fuesen distintas a las nuestras. Al menos eso indican los restos encontrados hasta ahora: hubo que aguardar otros 200 000 años hasta dar con muestras claras de modernidad mental. Es decir, los cambios anatómicos no tienen que estar acompañados necesariamente de modificaciones cognitivas de forma simultánea; estas modificaciones mentales se apoyan, por supuesto, en el tejido biológico, pero su emergencia depende también de cambios comportamentales y en las interacciones sociales, cambios que pueden ir a un ritmo distinto.

En los lugares africanos que habitaron hace 100 000 años nuestros ancestros, o en los que pasaron algún tiempo, además de los instrumentos de piedra, se han encontrado entre otras cosas restos de pigmentos, cuentas realizadas con conchas per-

Figura 5. Pieza de ocre de la Cueva de Blombos. Estos grabados, realizados por *Homo sapiens* hace al menos 75 000 años, son la representación simbólica más antigua que se conoce.

foradas, huevos de avestruz con grabados (distintos patrones de líneas) y varios fragmentos de ocre rojo con grabados abstractos (patrones geométricos formados por varias líneas que se cruzan) con al menos 75 000 años a sus espaldas. Estas piezas de ocre, que se encontraron en la Cueva de Blombos en Sudáfrica, se consideran las muestras inequívocas más antiguas de simbolismo —de diseño abstracto intencionado— realizadas por una especie humana.

Hace unos 45 000 años, cuando los *sapiens* avanzaron hacia Europa (bastante después de haber salido de África), neandertales y *sapiens* se vieron las caras por primera vez. Tras esa interacción, los neandertales, que llevaban campando a sus anchas por el territorio europeo más de 200 000 años, desaparecieron del planeta en pocos miles de años. Los *Homo sapiens*, los humanos modernos, nos convertiríamos en muy poco tiempo en la única especie humana sobre la Tierra. Los motivos que llevaron a la desaparición de los neandertales son el centro de un interesante debate en el que el lenguaje y las capacidades simbólicas tienen mucho que decir. Retomaremos esta cuestión en el último capítulo, pero antes vamos a seguir con otros detalles de nuestra historia evolutiva.

Modelos para explicar la distribución de *Homo sapiens*

El estudio de la evolución humana es una disciplina en perenne cambio, ya que la información fresca proveniente de la constante aparición de nuevos restos fósiles da lugar a que se tengan que producir ajustes en los distintos modelos e hipótesis. Ni siquiera en un momento determinado existe una única hipótesis o explicación para montar el rompecabezas de especies y sus relaciones. En el presente texto me he limitado a utilizar como referencia las especies más representativas y para las que existe un cierto consenso pero, con toda seguridad, el paso del tiempo hará que el número de especies, el rango de años que se atribuye a su existencia y la relación de unas especies con otras mude en mayor o menor medida.

Una discusión clásica de la paleoantropología se deriva de la actual distribución geográfica de nuestra especie por todo el planeta y de la existencia de ligeras variaciones morfológicas entre distintos pueblos. Por ejemplo, la población europea luce una nariz más prominente que la asiática, la cual presenta una cara más aplanada y con pómulos salientes, característica esta última que comparte con la población aborigen australiana. Entre los distintos modelos que se proponen para explicar la distribución de *Homo sapiens* por el planeta, hay dos visiones contrapuestas. Por un lado, el *modelo multirregional* propone que los *Homo sapiens* somos descendientes de las distintas poblaciones de *Homo erectus* que se distribuyeron por el planeta, y que el entrecruzamiento entre esas poblaciones impidió que se produjese una divergencia evolutiva. Según este modelo, los *Homo sapiens* europeos seríamos descendientes de *Homo neanderthalensis*. Por otro lado, está el modelo *Out of África*, que propone que *Homo sapiens* tuvo su origen en África, restringido además a un período de tiempo concreto, y que a partir de ahí se distribuyó por el resto del planeta. Este modelo es el aceptado en la actualidad por la mayoría de investigadores y no excluye la existencia de hibridación e intercambio genético entre los *sapiens* y otras especies como los neandertales o los denisovanos. Es el modelo que se sigue en este libro.

Los números cuentan

En algunos de los yacimientos africanos se observa algo que en principio carece de sentido: tecnologías más o menos avanzadas que son sustituidas por otras más antiguas, más toscas. Da la impresión de que, con el paso de las generaciones, algunos grupos de humanos se olvidaron de los avances hechos por las tatarabuelas de sus tatarabuelos. La explicación parece estar en el tamaño del grupo: si la densidad de población disminuye, las bandas se dispersan y los grupos se hacen pequeños, de forma que no es posible transmitir con eficacia y continuidad las innovaciones y resto de cultura acumulada, hasta el punto de que esta puede llegar a desaparecer (es algo similar al retroceso cultural que ocurrió en Tasmania tras quedar separada del continente australiano debido a la subida del mar, lo cual aisló a la población y disminuyó las posibilidades de intercambio cultural).

En un campo tan dispar y sembrado de hipótesis encontradas como el de la evolución del pensamiento simbólico y del lenguaje, sí que existe un cierto consenso a la hora de establecer relaciones entre el tamaño del grupo, el desarrollo del encéfalo y la evolución del simbolismo. El gran aumento del volumen encefálico que ha ocurrido en los últimos dos millones de años podría estar favorecido en un principio, como ya hemos visto, por la fabricación de herramientas y el cambio de dieta. Pero todo ello permite, además, la aparición de relaciones sociales cada vez más complejas en bandas de humanos que se iban haciendo cada vez mayores en número de individuos. Se entra aquí de nuevo en una espiral de realimentación en la que el aumento del tamaño del grupo se vería beneficiado por encéfalos capaces de gestionar las relaciones sociales que, a su vez, se beneficiarían del desarrollo de la capacidad simbólica. Nuestros ancestros desarrollaron una autoconsciencia plena, aprendieron que sus congéneres también poseían una mente y esto les ayudó a predecir su comportamiento, obteniendo así mayor control sobre sus emociones y elaborando planes de acción eficaces. Con este aumento de la complejidad social, la evolución encefálica y cultural favoreció el desarrollo de la capacidad de imitación, de la memoria y de la cooperación, todos ellos ingredientes básicos para construir un lenguaje pleno.

Un cerebro grande para mis amigos

La importancia del lenguaje como herramienta para mantener la cohesión social y así permitir la evolución de comunidades con un número de individuos cada vez mayor fue puesta de manifiesto a finales del siglo pasado por el antropólogo británico Robin Dunbar.

En determinados hábitats existe una presión evolutiva para el aumento del tamaño del grupo como una manera de defenderse del ataque de depredadores. Al estudiar el tamaño medio de los grupos formados por distintas especies de primates existentes en la actualidad, Dunbar comprobó que hay una relación entre el número de individuos en el grupo y el tamaño del cerebro, de manera que las especies con cerebros mayores también forman grupos con más individuos (el tamaño medio del grupo oscila entre unos pocos individuos hasta valores de 40 individuos en macacos, 50 individuos en los babuinos y alrededor de 55 individuos en chimpancés). Su explicación es que los cerebros de mayor tamaño tienen mayor capacidad de procesamiento, algo que sería de vital importancia para manejar las complejas relaciones sociales de los primates.

A partir de esta correlación, se ha calculado cuál sería el tamaño «natural» para un grupo de *Homo sapiens*, y el resultado arroja un valor medio que ronda los 150 individuos, cifra que además se aproxima al tamaño medio de algunos de los grupos de cazadores-recolectores que todavía existen en la actualidad en nuestro planeta. Dunbar ha propuesto que el lenguaje evolucionó precisamente para mantener la cohesión en sociedades numerosas. En grupos más pequeños la cohesión se puede lograr por otros medios, como el característico despiojado o acicalado que practican algunos primates, pero a medida que aumenta el número de individuos, este tipo de interacción consume demasiado tiempo como para que resulte eficaz. Según los cálculos, los humanos alcanzarían un punto crítico con *Homo heidelbergensis*, con grupos de 120-130 individuos (los australopitecos tendrían grupos de 60-70 individuos, y *Homo habilis* de alrededor de 80).

En la actualidad, las sociedades humanas pueden estar formadas, desde luego, por cantidades mucho mayores de individuos; sin embargo, Dunbar sostiene que el tamaño del grupo natural que puede manejar nuestro cerebro sigue siendo de unas 150 personas, que se correspondería con el número de personas que conocemos de manera directa y que forman nuestro círculo íntimo de amigos y conocidos.

Por lo que parece, en el linaje evolutivo que derivó hacia el *Homo sapiens*, las contingencias evolutivas dieron lugar a sociedades de grupos numerosos, lo cual no solo sugiere la más que probable existencia de algún tipo de comunicación simbólica, sino que, como señalaba más arriba, permite que las innovaciones culturales no se pierdan. Para establecer sociedades humanas como las que hoy pueblan el planeta, además de disponer de un encéfalo biológicamente capaz, fue también importante la pervivencia y transmisión de los logros tecnológicos y del corpus de conocimiento que se deriva de la cultura.

Un dilema evolutivo con final feliz

El extraordinario crecimiento en volumen del encéfalo —y también en número de neuronas y, por lo tanto, en complejidad de la arquitectura del sistema nervioso— que se produjo en el linaje humano en los últimos 2 millones de años, provocó transformaciones anatómicas y fisiológicas relacionadas con el nacimiento y desarrollo de los bebés, al menos en *Homo sapiens*. Esos cambios terminaron por influir, de forma un poco rocambolesca, en el lenguaje y la naturaleza humana, y se han convertido en un elemento esencial para el proceso de asimilación y aprendizaje de la lengua o lenguas maternas por parte del bebé.

Todo comenzó cuando los bebés humanos se volvieron cabezones, característica que es ya bien patente antes del nacimiento. Ese abultamiento de la cabeza ha dado lugar a que en el *Homo sapiens* el parto sea una operación complicada, ya que la cabeza de la criatura tiene que atravesar el llamado canal del parto, formado por los huesos de la pelvis de la madre. La arquitectura de ese canal no parece diseñada para ser atravesada por un bebé, sino todo lo contrario. El canal resulta angosto y, en el momento del parto, la cabeza debe girar para sortear los elementos óseos. Nada de eso ocurre, por ejemplo, con nuestros parientes los chimpancés. En ellos el bebé atraviesa con limpieza un canal del parto de sobrada amplitud. No está claro cómo era la operación en los neandertales, aunque hay datos que apuntan a que, con una pelvis más ancha que la nuestra, los bebés no necesitaban realizar ningún giro para atravesarla. Ante una situación así, una de las primeras cosas que hace un científico es darse la vuelta, mirar con cara inquisitiva a la evolución y preguntarle si hay alguna razón para que el devenir evolutivo no haya provisto a las hembras de *Homo sapiens* de una pelvis más ancha. La respuesta es que sí, hay dos razones importantes: la postura erguida y el bipedismo. Según parece, ya que hay investigadores que lo dudan, la arquitectura de la pelvis, y en concreto su anchura, juega un papel importante en el bipedismo, comportamiento que adoptaron nuestros ancestros hace unos 6 millones de años y que era esencial para su modo de vida y, por lo tanto, para su supervivencia. Tenemos aquí un interesante dilema evolutivo: por una parte, es importante mantener una anchura limitada de la pelvis que facilite caminar erguido, pero, por otra parte, el canal del parto debería ser amplio y permitir un nacimiento sin riesgos. A esta situación en la que se enfrentan dos tendencias evolutivas opuestas se la ha llamado *dilema obstétrico*.

La solución al dilema parece una decisión de emergencia: dejad que los bebés nazcan a medio hacer. Es decir, para facilitar que los cabezudos bebés humanos puedan nacer, deben hacerlo antes de que su cabeza crezca demasiado, de manera que no tienen más remedio que salir al mundo con un encéfalo —y muchas otras cosas— a medio cocinar. En un bebé recién nacido el sistema nervioso, la máquina que controla sus músculos y que generará su mente, está a medio desarrollar. En las siguientes etapas de la vida seguirá formándose y creciendo hasta alcanzar un tamaño cuatro veces mayor (al nacer, el encéfalo humano tiene entre 300-400 cm^3 y alcanza casi 1000 cm^3 al cabo de un año). Esto da lugar a algo que, en principio, puede parecer un gran problema: los ejemplares de *Homo sapiens* recién nacidos son seres desvalidos (el término técnico es *altriciales*), débiles, sin apenas coordinación motora, y que, por lo tanto, para sobrevivir necesitan del cuidado intenso y continuo de otros congéneres. La situación de precariedad para la autosupervivencia no es cosa de unos días o de semanas, sino que se prolonga durante muchos meses, algo que es atípico en los mamíferos. Si se visita una granja en el momento en que alguna madre esté de parto (una yegua, una vaca, una cabra), se puede observar el fascinante fenómeno que consiste en ponerse a caminar a los pocos minutos de nacer, cosa que los seres humanos tenemos vedado. Hay más animales altriciales además de los humanos, como muchas aves y algunos mamíferos, pero en nuestro caso, como veremos a continuación, se da la circunstancia única de que ese estado es aprovechado para implantar en el encéfalo del bebé dosis importantes de información cultural y, en concreto, instrucciones para el lenguaje.

Como alternativa a la hipótesis del dilema obstétrico se ha propuesto también la llamada hipótesis metabólica, en la que se defiende que el momento del nacimiento del bebé está determinado por las capacidades de aporte energético de la madre. A medida que el feto va creciendo, y sobre todo su encéfalo (no olvidemos que las neuronas son células ávidas de energía y que en un adulto en reposo el encéfalo se lleva algo así como el 20 % de los recursos energéticos), este absorbe cada vez más recursos de la madre, hasta que llega un momento en que el propio metabolismo de la madre podría ponerse en riesgo: es ahí cuando sucede el parto. Esta hipótesis y la del dilema obstétrico no son excluyentes y la razón de parir bebes altriciales podría ser una combinación de ambas. Pero incluso en el caso de que esta alternativa metabólica fuera la única explicación, el resultado para lo que aquí nos interesa es el mismo: el gran crecimiento en

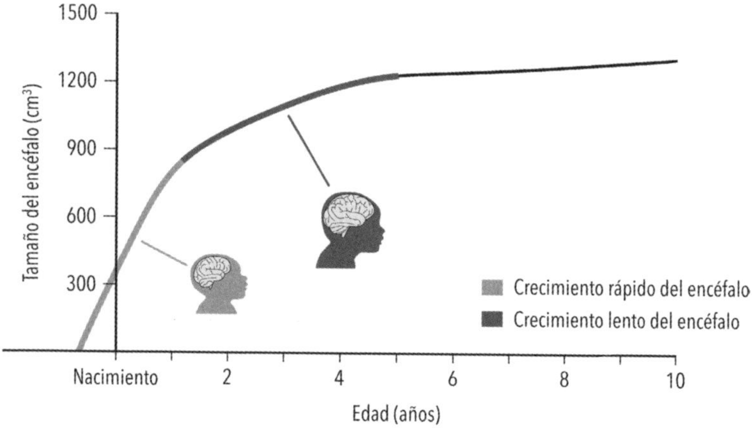

Figura 6. Desarrollo ontogenético de nuestro encéfalo. En el momento del nacimiento el encéfalo del bebé tiene tan solo ¼ del volumen final.

volumen del encéfalo humano origina el parto de bebés con su sistema nervioso a medio formar.

Esta curiosa situación que rodea el nacimiento y primeros meses de vida de los humanos modernos que, en principio, podría verse como una clara e injusta desventaja evolutiva, se ha mantenido en el tiempo debido a que permite un hecho extraordinario: la gran inmadurez del sistema nervioso en el momento del nacimiento da lugar a que una parte importante de su desarrollo se produzca fuera del útero, en el espacio sideral del mundo exterior, en un estado de interacción intensa con un entorno de gran riqueza sensorial, social y cultural. Comparados con el resto de mamíferos, en los humanos modernos el período de maduración —dedicado a la exploración, el aprendizaje y el juego— que va desde el nacimiento hasta la adolescencia se extiende en el tiempo de forma considerable. En los primeros meses y años de vida los principales elementos celulares del sistema nervioso, las neuronas, emiten prolongaciones y ramificaciones con las que tejen una intrincada red de conexiones. La información sensorial que se absorbe por los órganos de los sentidos, tanto del mundo exterior como del propio cuerpo (por ejemplo, información sobre el grado de contracción de los músculos) es de vital importancia para el refinamiento de ese sistema en plena formación y, en concreto, para la transmisión y el aprendizaje del lenguaje. Cada persona nace con una potencialidad genética para construir un sistema nervioso, pero es el entorno el que determina una parte importante de los ajustes finales y, en el caso del aprendizaje de una lengua, las interacciones sociales en forma de sonidos, gestos y miradas son las semillas sobre las que crece el idioma o los idiomas maternos.

De la infancia a la adolescencia

En el desarrollo de los seres humanos y de otros primates se han definido varias etapas. Aunque el rango de edades es algo confuso y el número y nombre de las distintas etapas varía dependiendo de la autoría, una clasificación (tomada del paleoantropólogo Chris Stringer) sería la que sigue.

En nuestros parientes primates más cercanos (chimpancés, bonobos, orangutanes, gorilas) el desarrollo postnatal se divide en una etapa infantil de unos 5 años, seguida de otra de adolescencia que dura unos 7 años, después de la cual llega la etapa adulta. Sin embargo, los humanos somos especiales, ya que tenemos dos etapas más entre la infancia y la adolescencia. En nuestro caso la infancia, que dura hasta los 3 años, va seguida de la niñez, entre los 3 y los 7 años aproximadamente y, a continuación, le sigue una fase juvenil entre los 7 a los 10 años. Hasta esa edad los pequeños humanos necesitan del apoyo de las personas adultas para obtener alimento y protección, además de todo lo relativo a la transmisión cultural. Luego vendrá, como en otros primates, la adolescencia y la etapa adulta. No está claro en qué momento del linaje humano comenzó a existir esta infancia prolongada (niñez + fase juvenil) que nos diferencia de otros primates y que determina una parte importante de nuestro desarrollo permitiendo que la plasticidad cognitiva inicial dure más tiempo. Según algunos investigadores, la etapa de la niñez pudo existir ya en tiempos del *Homo ergaster/erectus*, pero no hay un acuerdo sobre este aspecto. Además de una maduración lenta, otra diferencia importante entre los humanos actuales y el resto de primates es nuestra mayor longevidad, que permite un incremento tanto de la experiencia individual como de la memoria colectiva.

Todos somos niñas y niños prodigio

A lo largo del primer año de vida el sistema nervioso del bebé se encuentra en plena ebullición, realizando ajustes de todo tipo. Casi en silencio, interrumpido de vez en cuando por lloros y algún que otro balbuceo, la pequeña criatura humana absorbe los fonemas que revolotean por su entorno, los sonidos que forman parte de la lengua o las lenguas que se hablan en casa. Esta capacidad de aprehensión del universo sonoro lingüístico disminuye al cabo de ese primer año, de manera que a continuación será mucho más difícil hacerse con fonemas nuevos, o incluso percibirlos. Esta es la razón de que, por ejemplo, los adultos japoneses no perciban la diferencia entre los fonemas /r/ y /l/ del castellano, ya que en su catálogo de sonidos maternos no existe tal cosa (y a nosotros, por supuesto, nos pasa lo mismo con los fonemas ajenos de otras lenguas).

Las conexiones cerebrales que se requieren para el procesamiento auditivo son funcionales desde el nacimiento, pero el resto de conexiones encefálicas entre regiones relacionadas con el lenguaje maduran de forma más lenta y no son funcionales por completo hasta los 2-3 años. Los sonidos y balbuceos ayudan a los bebés a refinar el control sobre los músculos encargados de la fonación. Al escucharse a sí mismos, su sistema nervioso aprende a relacionar sonidos concretos con secuencias concretas de contracciones musculares (este tipo de realimentación sensorial no es posible con los gestos de la cara ya que, salvo que tengamos un espejo delante, no podemos vernos a nosotros mismos; sin embargo, los bebés aprenden con rapidez a imitar los gestos más comunes —una sonrisa, el ceño fruncido—, lo cual apunta a algún componente innato. No obstante, este sistema innato debe ser estimulado, ya que se ha observado que la capacidad de imitar de los bebés es algo que se aprende en las primeras semanas de vida). Las neuronas, que en su mayoría ya están formadas antes del nacimiento, emiten una cantidad exuberante de prolongaciones durante los primeros meses, hasta el punto de que el cerebro del bebé en los dos primeros años de vida se pertrecha con el doble de las conexiones sinápticas (lugares de comunicación entre dos neuronas) que tendrá de mayor. Tan importante como este florecimiento inicial es la consiguiente eliminación de las neuronas y poda de las conexiones superfluas, operación que depende de la interacción con el entorno y que se prolonga durante la infancia y la niñez.

Y así, poco a poco, la mente camina hacia las primeras palabras, que normalmente aparecen a partir del primer año. Esas primeras palabras se llaman protoimperativos, ya que se refieren a algo que quiere el bebé. Se trata de palabras aisladas, destinadas a conseguir algo, y que funcionan como si fueran enunciados completos (es la llamada etapa holofrástica). Por ejemplo, la palabra «agua» en realidad significa «quiero agua». En esta primera etapa surge la magia del simbolismo: las pequeñas criaturas humanas aprenden sin aparente esfuerzo a establecer relaciones entre las palabras y su significado, de manera que terminan comprendiendo que pueden hacer referencia a alguna cosa, acción o idea mediante el uso de las palabras. Como decía el psicólogo William Stern, en ese momento el pequeño «hace el gran descubrimiento de su vida... que cada cosa tiene su nombre»; el mundo deja de ser caótico, el pensamiento se vuelve verbal y el habla se convierte en racional.

La adquisición de la sintaxis está relacionada con el tamaño del vocabulario. Entre el año y medio y los dos años, cuando su vocabulario consta de unas 50 palabras, comienzan a formar frases con dos palabras; y a partir de los dos años, con un vocabulario promedio de unas 250 palabras, utilizan ya un habla telegráfica con base en sustantivos, adjetivos y verbos (pero todavía sin preposiciones, conjunciones, etcétera). Alrededor de los tres años de vida el vocabulario alcanza las 1000 palabras, el puzle gramatical cuaja dentro de esas cabecitas y se produce la extraordinaria explosión del habla. Estas cifras son datos promedio, ya que los detalles en la adquisición del léxico oscilan mucho entre niños de la misma edad, sin que eso signifique que exista algún tipo de problema en el desarrollo del lenguaje (algunos estudios indican, por ejemplo, que el vocabulario de los niños de dos años puede oscilar entre 40 y 600 palabras). Todos estos valores hacen referencia a las palabras que pueden producir (vocabulario productivo o activo) que es distinto del número de palabras que una criatura puede entender (vocabulario receptivo o pasivo). En todas las edades los pequeños comprenden muchas más palabras de las que pueden producir. De promedio, un niño de 6 años tiene ya un vocabulario activo de unas 2600 palabras, pero entiende muchas más (hay trabajos que indican una cifra de hasta 20 000 palabras). Algunos investigadores sostienen que el hecho de que podamos mantener en la memoria una cantidad tan abultada de palabras es en realidad una de las características más destacadas de nuestra habilidad lingüística, y que el gran aumento de volumen encefálico que se produjo en los últimos dos millones de años puede estar relacionado precisamente con esta capacidad para el léxico (en línea con esto, también se ha sugerido que el comportamiento humano moderno, en el que existe una gran capacidad para elaborar planes de acción, está ligado a un incremento de la memoria de trabajo, que es la que nos permite en cada momento manejar distintos tipos de información de manera simultánea; por su parte, los otros primates muestran una memoria de trabajo muy limitada).

Entre la infancia y la niñez se adquiere por lo tanto un habla plena, con escasos errores gramaticales, con una facilidad pasmosa y sin la necesidad de una educación dirigida en especial para ello; basta con que haya gente hablando alrededor de las criaturas y también dirigiéndose a ellas. Un verdadero prodigio de la biología y la cultura humanas que aún no está explicado en su totalidad por la ciencia.

Es importante destacar el papel fundamental que tiene la interacción lingüística con los bebés dentro del seno familiar en los primeros años de vida. Mucho antes de que comiencen a hablar con fluidez, y aunque no comprendan mucho de lo que escuchan, parece claro que lo que le dicen los padres o tutores, y cómo se lo dicen, afecta a la habilidad lingüística posterior. En un conocido y complejo, y también polémico, estudio hecho en los años sesenta del siglo pasado por los psicólogos estadounidenses Betty Hart y Todd Risley, se investigó el desarrollo lingüístico de niñas y niños de 42 familias a lo largo de dos años y medio, desde que tenían menos de un año hasta que llegaban a los tres años. En ese estudio se registró, entre otros datos, el tamaño del vocabulario utilizado tanto por los padres como por los pequeños, y el número de palabras por hora utilizadas (es decir, la cantidad de tiempo dedicado a hablar con los niños). El análisis de los datos reveló variaciones muy significativas en el tamaño del vocabulario que utilizaban los niños cuando llegaron a los 3 años de edad, vocabulario que oscilaba entre una media de 525 palabras y 1116 palabras. La mayoría de esas familias siguieron colaborando con los investigadores hasta que los pequeños alcanzaron 9-10 años de edad. El vocabulario medido a los 3 años de edad anticipaba de forma muy clara las habilidades lingüísticas y la comprensión lectora obtenidas a los 9-10 años de edad. Respecto a la cantidad de palabras que escuchaban los pequeños por hora, había también variaciones importantes, entre una media de 616 palabras por hora y 2153 palabras. Estas diferencias se mantuvieron a lo largo de los años que duró la investigación e indican algo sorprendente respecto a la experiencia vital de los bebés: cuando se calcula el número de palabras que escucha una criatura humana a lo largo de sus primeros cuatro años de vida, la cifra puede oscilar entre 13 millones de palabras, es decir, una experiencia acumulada de 13 millones de palabras, y 45 millones de palabras. Según este estudio, en los primeros cuatro años de vida el número de palabras que escucha un ser humano puede llegar a variar en más de 30 millones de palabras entre familias distintas, con todo lo que eso supone para el desarrollo de las habilidades lingüísticas y cognitivas (en este trabajo, los investigadores también dividieron a las familias según su estatus socioeconómico, pero como el tipo de interacción lingüística en el entorno familiar y su relación con el estatus socioeconómico puede variar mucho entre distintas culturas y pueblos, he dejado de lado esa parte de los resultados; no sé qué estatus socioeconómico le asignarían Hart y Risley a los cazadores-recolectores san del desierto del Kalahari, un pueblo en el que prácticamente toda la cultura se transmite de forma oral, mediante una fascinante lengua khoisan de *clicks* compuesta por más de 100 fonemas). Estos datos resaltan la importancia de la interacción lingüística en los primeros años de vida, una época en la que el encéfalo de los humanos es especialmente plástico y en donde la inmensa mayoría de la experiencia que reciben los bebés depende de su interacción con el entorno familiar. Esta interacción, además, resulta eficaz cuando se hace en persona, cara a cara, ya que hay varios estudios recientes que muestran con claridad que el aprendizaje lingüístico a través de la televisión o de otros medios audiovisuales es deficiente y limitado.

En cualquier caso, hay algo que está claro y que resulta universal: la facilidad que poseen las mentes infantiles para aprehender las reglas de la sintaxis. De hecho, este es uno de los principales argumentos en los que se apoya la noción de que deben existir mecanismos innatos (genéticos) que faciliten el desarrollo de las habilidades gramaticales (esta es la hipótesis del llamado *innatismo*). Según esto, los estímulos que reciben los infantes humanos —el lenguaje que escuchan en su entorno— son insuficientes para que se genere en ellos una capacidad gramatical como la que muestran al comenzar a hablar con fluidez (los lingüistas llaman a esto *tesis de la pobreza del estímulo*). Hoy en día el tema sigue en el centro de un intenso debate, en el que han surgido interesantes propuestas alternativas para explicar este fenómeno, como veremos más adelante.

Esta capacidad tan temprana para lanzarse a hablar con propiedad contrasta con la notable torpeza que muestran las niñas y niños de 3-4 años en casi cualquier otra actividad que requiera precisión motora. Si le damos a uno de esos pequeños un lápiz y le decimos que pinte una mariposa, con toda probabilidad dibujará unos garabatos difíciles de reconocer, aunque podrá explicar con toda naturalidad de qué trata su obra, manejando con soltura el lenguaje. Hay excepciones, ya que en algunos casos la asimilación de un lenguaje pleno se retrasa, como ocurre con el llamado Trastorno Específico del Lenguaje y, desde luego, el proceso es diferente en los bebés sordos, que deberán apoyarse en códigos gestuales en lugar de sonoros para generar una lengua. Las distintas lenguas de signos que han surgido en el planeta son, en todo, equivalentes al lenguaje hablado, con una gramática plena y la misma capacidad de transmitir cualquier tipo de pensamiento complejo. De hecho, la adquisición de las lenguas de signos por los niños sordos se produce a las mismas edades y con velocidades similares a la adquisición de las lenguas orales.

La absorción de los fonemas de la lengua materna y el desarrollo de un lenguaje gramatical es algo que, por lo tanto, sucede en la mayoría de las personas dentro de un período limitado en el tiempo. En la edad adulta es mucho más difícil —o imposible— adquirir el repertorio fonético completo de una lengua nueva, y el proceso de aprendizaje de los principios gramaticales básicos se hace mucho más lento y complicado. Sin embargo, la capacidad para adquirir vocabulario nuevo permanece intacta y funcional a lo largo de la vida.

Sin ti no soy nada

Está claro que el simbolismo y el lenguaje son propiedades de la mente que necesitan de la interacción social para su desarrollo normal en el encéfalo de los pequeños humanos. Pero la importancia de la interacción simbólica con quien nos rodea va mucho más allá, ya que parece ser necesaria para que emerja la propia mente autoconsciente. Es decir: sin la existencia de una interacción lingüística con el entorno, un bebé humano no es capaz de desarrollar una autoconsciencia plena, y se queda en un estado de reacciones viscerales carentes de reflexión racional. Esta es la propuesta del antropólogo Roger Bartra. En el desarrollo ontogenético (desde la concepción hasta la edad adulta), los procesos culturales y sociales (en esencia, el lenguaje) funcionan como una especie de prótesis que interacciona con el resto del encéfalo; sin esta prótesis la autoconsciencia tiene dificultades para emerger, ya que nuestras reflexiones íntimas necesitan de un sustrato simbólico. Por lo tanto, en el desarrollo evolutivo del género *Homo* se habría producido una dependencia neurofisiológica del sistema simbólico (según esto, los animales que superan el test del espejo tendrían una autoconsciencia de naturaleza distinta a la humana, al carecer de ese sustrato simbólico).

En los humanos modernos la evolución biológica y la evolución cultural interaccionan entre sí desde hace, al menos, unos 300 000 años. De igual manera que las características biológicas determinan nuestro potencial social y cultural, el entorno cultural puede también influir y modificar nuestra naturaleza biológica mediante mecanismos como el llamado efecto Baldwin (que se abordará brevemente más adelante). Nuestro sistema nervioso ha desarrollado una capacidad asombrosa para nutrirse de información cultural proveniente del entorno social: somos máquinas de aprender. Este aprendizaje no es solo algo útil o deseable, sino que, como acabo de comentar, se ha convertido en una necesidad fisiológica para el pleno desarrollo de la mente. Un ejemplo fascinante que muestra con claridad la relación entre la interacción social y la emergencia de la autoconsciencia es el de las personas sordociegas. Los bebés sordociegos, al carecer de entradas visuales y auditivas, viven en un mundo en el que priman el tacto y los sentidos químicos (gusto y olfato). En estas condiciones, en ese mundo de silencio y oscuridad, la enseñanza de una lengua, de las palabras, del hecho de que se puede hacer referencia a algo sin necesidad de que esté delante (sin necesidad

Figura 7. Helen Keller, a la edad de 8 años, con su maestra Anne Sullivan.

de olerlo o tocarlo), es decir, la idea de símbolo, puede resultar compleja de transmitir. Este fue el caso de Helen Keller, una estadounidense sordociega que pasó los siete primeros años de su vida sin ningún tipo de educación formal. De niña, interaccionaba, por supuesto, con su entorno, pero de una manera visceral, a través de emociones innatas como el hambre o la rabia. Al carecer de lenguaje, su mente flotaba en el vacío. En sus propias palabras, «antes de tener una maestra, no sabía que yo existía. Vivía en un mundo que era un no-mundo», «no tenía ni deseos ni entendimiento», «puedo recordar mi memoria táctil, pero no recuerdo el hecho de pensar», «mi vida interna era un vacío sin pasado, presente o futuro, sin esperanza o anticipación, sin la capacidad de hacerme preguntas o de sentir placer». Pero todo cambió con la llegada de Anne Sullivan cuando Helen estaba a punto de cumplir siete años. Anne era una profesora contratada por la familia que tenía la difícil misión de educar a Helen y, para eso, todo comenzaba por enseñarle una lengua.

Con el tiempo, Helen Keller, que demostró ser una mujer extraordinaria, no solo aprendió inglés (su lengua materna), sino también francés, alemán, latín o griego. Keller fue además una magnífica escritora, y son precisamente los relatos y recuerdos que escribió sobre su vida lo que hoy nos permite reconstruir aquellos primeros momentos en los que su mente transitó desde la oscuridad y el vacío hasta la explosión de la autoconsciencia y de la capacidad para la comunicación. Poco después de la llegada de Anne Sullivan, hubo un día en el que, de repente, en la cabeza de Helen cristalizó la idea de que todas las cosas tienen un nombre. Aquel día Anne puso una de las manos de Helen bajo un chorro de agua mientras, al mismo tiempo, hacía en la palma de la otra mano, una y otra vez, el signo para «agua» en la lengua de gestos táctiles de los sordociegos. Helen relacionó una cosa con la otra, y su vida cambió para siempre. Comprendió que las cosas tenían nombre y que cada nombre daba lugar a un pensamiento, y entre esos nombres/pensamientos estaba también la noción del «yo», de la propia existencia. El pensamiento simbólico generó su mente autoconsciente, y para eso no basta con la actividad neural de un único encéfalo, sino que se necesita la interacción social. En palabras de Roger Bartra, «la necesidad de dar entrada a información lingüística parece ser innata, pero el cerebro depende del uso de procesos simbólicos y lógicos que las redes neuronales no pueden procesar sin acudir a mecanismos culturales».

Los bebés que no tienen problemas de percepción sensorial establecen de manera casi automática la relación entre las palabras que escuchan y los objetos o acciones que acompañan a esas palabras. Como hemos visto a lo largo de este capítulo, el hecho de ser cabezones nos obliga a nacer con un sistema nervioso a medio hacer, circunstancia que ha resultado vital para la transmisión y aprendizaje de una lengua, cosa que ocurre con una naturalidad y facilidad sorprendentes. El aumento de tamaño del encéfalo en el linaje que conduce a *Homo sapiens* lleva parejos cambios en la organización y función de la máquina de pensar. Para comprender cómo ha surgido en el proceso evolutivo nuestra capacidad para el simbolismo y el lenguaje es esencial, por lo tanto, conocer el sustrato neurológico que hay detrás, y en qué se diferencia de los encéfalos de otros primates.

La máquina de pensar palabras

Todos los días, cuando caemos rendidos en la cama y nos abraza el sueño, sucede algo inquietante: el «yo», nuestra consciencia, desaparece. Durante el sueño profundo (fase del ciclo del sueño que también se llama sueño de ondas lentas) la actividad eléctrica de gran parte de las neuronas cambia su modo de funcionamiento y, entre otras cosas, el sistema deja de producir consciencia. Durante un tiempo, no existimos. Más adelante esa actividad vuelve a cambiar, nos despertamos y el «yo» surge de nuevo. Es algo cotidiano que sucede todos los días, y por eso nos quedamos tan tranquilos, a pesar de que perdemos todo tipo de control voluntario sobre nuestra existencia durante algunas horas. Nuestra mente autoconsciente es el producto de la actividad eléctrica y química de 86 000 millones de neuronas enlazadas entre sí de un modo concreto. Las distintas personas tenemos distintas mentes, distintos «yoes» porque la arquitectura fina de esas conexiones es ligeramente distinta (y también, por supuesto, porque la historia social y cultural de cada uno es siempre particular). Los recuerdos de nuestra vida, la llamada memoria autobiográfica, se almacenan también en el encéfalo. La memoria depende de esa arquitectura neuronal y por eso, cuando nos despertamos por la mañana, recuperamos la esencia de lo que somos gracias a que las conexiones sinápticas que sostienen la memoria todavía están ahí. Si las neuronas degeneran y se mueren en un número importante, la capacidad para mantener el «yo» y la memoria se tambalea, cosa que sucede por ejemplo en la enfermedad de Alzheimer. Lo que debe quedar claro es que el encéfalo es la materia depositaria de todo lo que somos, el sustrato del «yo» y, por lo tanto, también de la capacidad simbólica y de lenguaje.

Estructura básica del sistema nervioso humano

Para navegar con soltura por los siguientes párrafos vendrá bien un breve refresco de la estructura general del sistema nervioso, una máquina que extiende sus redes por todo el organismo. Ahí dentro hay varios tipos de células pero, para lo que nos ocupa, nos bastará con tener en cuenta a las neuronas: se caracterizan porque procesan información mediante impulsos eléctricos, y se comunican entre sí a través de prolongaciones, lo que les confiere su característica forma arborescente. El sistema nervioso es una extensa red de neuronas que interaccionan entre sí. El centro de control principal, el encéfalo, es una gran protuberancia de células que viven protegidas dentro del cráneo. Para comunicarse con todo lo que hay del cuello para abajo utiliza una autopista llamada médula espinal. Por esa autopista fluyen señales sensitivas en dirección al encéfalo, que informan del tacto, temperatura, contracción muscular, etcétera, e información proveniente del encéfalo

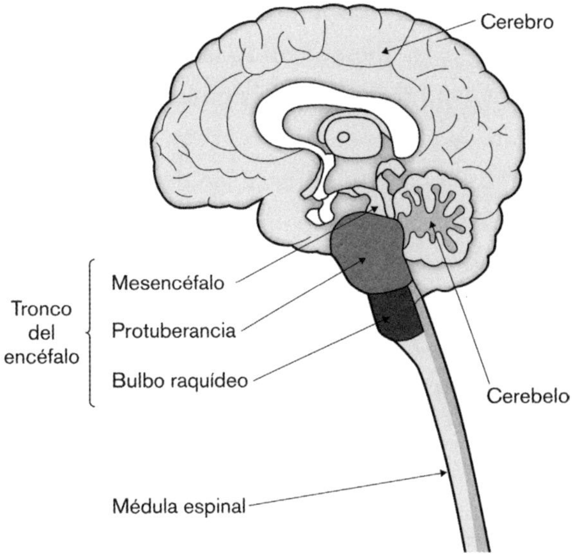

Figura 8. El encéfalo humano. Principales divisiones anatómicas del encéfalo de *Homo sapiens*.

en dirección a los músculos, que activa las motoneuronas. Las motoneuronas son células situadas a lo largo de la médula espinal (y también en el propio encéfalo) que emiten prolongaciones hacia los músculos, para controlar su contracción.

En la historia evolutiva que hemos sobrevolado de los homininos, el hecho más destacado relacionado con el sistema nervioso es el considerable aumento del volumen encefálico. Eso puede ocurrir en esencia por tres razones: aumento del número de neuronas, aumento del tamaño y número de las prolongaciones que emiten, y aumento del porcentaje de neuronas con recubrimiento de mielina en sus prolongaciones (una capa aislante muy útil para mejorar la velocidad de transmisión). En la evolución de los humanos se dieron con toda probabilidad esos tres fenómenos de manera más o menos simultánea. Ello dio lugar a que la estructura se inflara en determinados lugares, hecho que puede apreciarse al observar un encéfalo de manera macroscópica. Estudiando qué regiones se han inflado más, pueden sacarse algunas conclusiones sobre las funciones subyacentes. El registro fósil no nos provee de información sobre la estructura interna del encéfalo, su citoarquitectura y sus conexiones, de manera que para obtener alguna información sobre esos parámetros tenemos que conformarnos con estudiar el encéfalo de los humanos modernos y, en su caso, cotejarlo con los de otros primates y mamíferos vivos.

Si se observa la superficie de un encéfalo humano hay tres partes que destacan: una gran masa plegada por todas partes, dividida en dos hemisferios como si fuera una nuez: eso es el cerebro; otra masa también con muchos pliegues, pero más pequeña y situada a la altura de la nuca: eso es el cerebelo; y una estructura alargada —prolongación de la médula espinal— que recorre la parte basal, penetrando tanto en el cerebelo como en el cerebro: eso es el tronco del encéfalo. El cerebro es lo que más abulta, la región más moderna en términos evolutivos y también la que más ha cambiado —se ha inflado por determinadas partes— en la evolución humana. Siempre resulta útil tener en cuenta las cuatro regiones —lóbulos— en que se divide el cerebro: frontal (delante), parietal (arriba), temporal (a la altura de las orejas) y occipital (en la nuca).

Neuronas para el lenguaje

No es sencillo descubrir cómo funciona el sistema nervioso, y mucho menos su parte más voluminosa y centro de control, el encéfalo. Entre los objetivos de la neurología y la neurociencia siempre ha estado buscar la relación entre determinados comportamientos o capacidades y la actividad de los distintos grupos de neuronas del encéfalo. Si el encéfalo genera el «yo», el comportamiento y las habilidades cognitivas; entonces parece lógico pensar que podremos encontrar neuronas específicas para cada habilidad concreta. Sin embargo, la cosa es más difícil, o más difusa. En un encéfalo adulto sí que hay algunos grupos —o núcleos— de neuronas que tienen funciones definidas con claridad: por ejemplo, se pueden relacionar neuronas específicas de la corteza visual primaria con parte del procesamiento de la imagen de zonas muy concretas del campo visual o, otro ejemplo, hay neuronas concretas de la corteza motora primaria que se encargan de enviar órdenes para la contracción de fibras musculares específicas. Sin embargo, lejos de entender el sistema nervioso como una colección rígida de núcleos neuronales dedicados a tareas concretas, las investigaciones han ido poniendo de manifiesto que el sistema es mucho más difuso y plástico. Por una parte, las neuronas adultas que terminan ejerciendo una función más o menos concreta, no están siempre predeterminadas a desplegar esa función, sino que su ocupación final también depende de la información sensitiva que se reciba durante el desarrollo. Por otra parte, se ha visto que es muy común —por no decir generalizado— que una misma neurona participe en circuitos nerviosos con funciones distintas. Y, en tercer lugar, gran parte de las funciones cognitivas carecen de una localización neuronal concreta, sino que son el resultado de la activación de circuitos distribuidos por distintas regiones del encéfalo. Para comprender —y buscar— la esencia neuronal del lenguaje, hay que tener en cuenta todo esto.

Uno de los problemas que siempre ha existido para estudiar el sistema nervioso humano es que no es sencillo acceder a él en un individuo vivo. Hoy en día es posible obtener de manera poco o nada invasiva cierta información sobre el funcionamiento neuronal mediante técnicas de imagen como la resonancia magnética o la tomografía por emisión de positrones. Pero no siempre ha sido así. Desde hace más de cien años, y con la idea inicial de buscar áreas específicas para funciones concretas, la neurología ha ido construyendo un puzle cerebral a partir del estudio *post mortem* de encéfalos de personas con algún problema neurológico. Entre los casos más conocidos y antiguos están los de dos pacientes estudiados a mediados del siglo XIX por el médico francés Paul Broca: Louis Leborgne y Lazare Lelong. Aunque ambos comprendían lo que se les decía, esto es, manejaban bien la parte semántica del lenguaje, eran incapaces de articular en palabras su pensamiento. Leborgne se limitaba a contestar repitiendo la palabra «tan», y Lelong manejaba tan solo cinco palabras, «oui» (si), «non» (no), «tois» (para indicar tanto «tres» como cualquier otra cifra), «toujours» (siempre) y «Lelo» (su forma de decir «Lelong»). Una vez fallecidos, Broca estudió sus encéfalos y observó que ambos tenían una lesión en la misma región del lóbulo frontal de la corteza cerebral en el hemisferio izquierdo, por lo que sacó la conclusión de que esa zona del cerebro está implicada en el lenguaje, en concreto en la sintaxis (organización de palabras y frases) y en la correcta articulación de los músculos para la fonación. Pocos años más tarde, y por un procedimiento similar, el neurólogo alemán Carl Wernicke llegó a la conclusión de que otra región del hemisferio izquierdo, situada en el cruce de caminos entre los lóbulos temporal, occipital y parietal, estaba también relacionada con el lenguaje, pero en este caso con el procesamiento semántico (es decir, con el significado de palabras y frases), ya que los pacientes con esa región dañada no tenían dificultad para articular frases, pero estas carecían de sentido y, al mismo tiempo, también tenían dificultades para comprender las frases que se les decían y para acceder al léxico (encontrar las palabras adecuadas). A esas regiones cerebrales se les llamó, respectivamente, área de Broca y área de Wernicke, y a los trastornos que se derivaban de su mal funcionamiento se les denominó afasia de Broca y afasia de Wernicke. Más adelante se observó que no son dominio exclusivo del hemisferio izquierdo, sino que en un discreto porcentaje de personas estas regiones se sitúan en el hemisferio derecho (en el 3 % de las personas diestras y en el 19 % de las zurdas), o incluso en ambos hemisferios.

Las investigaciones realizadas en los cerebros de personas sordas, que en vez de un lenguaje hablado manejan alguna lengua de signos con base en gestos realizados en su mayoría con las manos, han mostrado que las áreas de Broca y de Wernicke tienen funciones similares a las indicadas antes, y su mal funcionamiento provoca también déficits tanto en la ejecución de la sintaxis como en la comprensión semántica.

En un principio, todos estos datos parecen indicar que en el encéfalo de los humanos modernos existe algo parecido a un

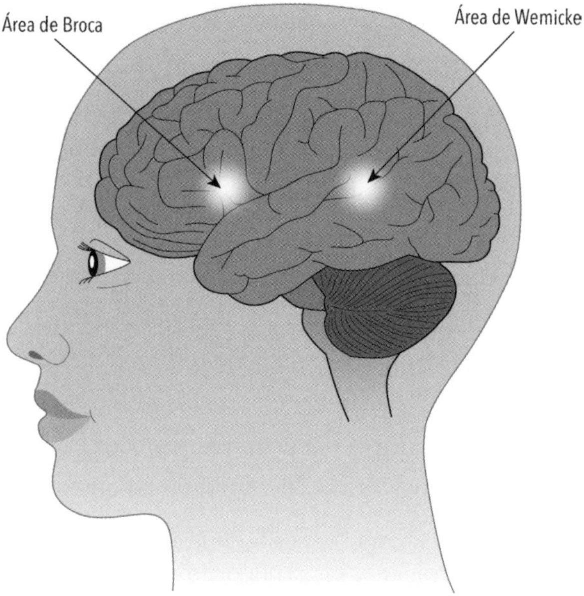

Figura 9. Control cerebral del lenguaje. Las áreas de Broca y de Wernicke participan en el procesamiento del lenguaje. En la actualidad se han descubierto más regiones, en los dos hemisferios cerebrales, implicadas en el lenguaje.

«órgano u órganos del lenguaje», circunstancia que está en sintonía con la idea del carácter innato de la capacidad lingüística. Sin embargo, los datos que se han ido acumulando a lo largo del último siglo, junto con el refinamiento de las técnicas de imagen para el estudio de la actividad encefálica *in vivo*, muestran que las áreas de Broca y de Wernicke —y los trastornos asociados a ellas— no están tan definidas como se supuso en un primer momento, que no es correcto hablar de centros para el procesamiento semántico o para el control de la sintaxis, y que en realidad el procesamiento de los distintos aspectos de la habilidad lingüística se produce de manera distribuida en diversas regiones de ambos hemisferios cerebrales y en otras regiones encefálicas como el cerebelo.

En el año 2016 se publicó en la revista *Nature* un trabajo sorprendente en el que por primera vez se mostraba la distribución de las regiones cerebrales encargadas de almacenar el significado de las palabras, el llamado *mapa semántico* del cerebro. Mediante el refinamiento de la técnica de imagen por resonancia magnética funcional se comprobó que las neuronas que, de alguna manera, custodian la memoria de las distintas palabras, se encuentran distribuidas por toda la corteza cerebral de ambos hemisferios, y que se agrupan según el significado de cada palabra. En algún sitio hay que almacenar las más de 50 000 palabras que maneja una persona adulta, o las 20 000 palabras que pueden llegar a conocerse a los seis años. En el experimento participaron siete personas a las que se tomaron imágenes de su actividad cerebral mientras escuchaban durante más de dos horas los relatos narrados en un programa de radio (*The Moth Radio Hour*). Los mapas semánticos mostraron que las palabras con significados de alguna manera relacionados tienden a estar gestionadas por neuronas agrupadas en la misma región cerebral, y que además esas regiones son similares entre distintas personas. Por ejemplo, las neuronas que se encargan de la palabra «nieve» están próximas (o incluso pueden solaparse) a las neuronas que codifican las palabras «congelar» y «viento». De igual manera, también se encuentran próximas entre sí las neuronas que se encargan de las palabras «familia», «apartamento», «escuela», «casa», «hijos»... y de forma similar con todas las categorías estudiadas. Este experimento se hizo en la Universidad de California y con narraciones en inglés. Entre los muchos interrogantes que plantea está el de discernir cómo son los mapas semánticos en personas que hablen otras lenguas o que pertenezcan a una cultura distinta.

El hemisferio derecho parece ser, por lo tanto, tan esencial como el izquierdo para sostener el diccionario que cada uno posee, y se ha comprobado que está también implicado en otros aspectos del lenguaje, como, por ejemplo, el procesamiento abstracto que se requiere para la comprensión de un chiste. Para captar el sentido de un chiste es preciso evaluar la coherencia global de la historia que se cuenta y cotejar significados alternativos, una tarea compleja que, según se ha observado en experimentos de registro de actividad cerebral (en concreto con la técnica de magnetoencefalografía) requiere la activación de una extensa área de la corteza prefrontal derecha. En consonancia con esto, también se ha comprobado que la existencia de daños extensos en el hemisferio derecho puede causar dificultad para la comprensión de chistes y otras historias cortas.

Teniendo en cuenta el conocimiento actual, algunos investigadores han propuesto que el daño en las áreas de Broca y de Wernicke suele producir déficits no porque en esas regiones se encuentren centros específicos de procesamiento del lenguaje y el habla, sino porque se trata de áreas de asociación, regiones de la corteza cerebral en donde confluye información diversa relacionada entre otras cosas con la producción del habla y el análisis del sonido. Esas regiones han emergido como núcleos importantes para el lenguaje debido a que son una especie de cuello de botella para el flujo de información, es decir, puntos débiles en una red más amplia de procesamiento. Según esto, las regiones que ahora participan en el lenguaje no han aparecido *de novo* en el proceso evolutivo de los últimos miles o millones de años como núcleos específicos para esa función, sino que se trata de redes neuronales ya existentes que han asimilado funciones nuevas. En nuestros parientes primates (en concreto en macacos), se ha descubierto que en la región de su cerebro equivalente al área de Broca humana (la región premotora F5) existen neuronas que se activan tanto al manipular objetos con los dedos, como al observar a otro individuo (en los experimentos se trata de un humano) ejecutar el mismo tipo de acción o al escuchar el sonido que producen esos actos (en los experimentos iniciales los estímulos más eficaces consistían en romper cacahuetes y rasgar papeles); por este motivo se han llamado *neuronas espejo*. Para quienes describieron ese grupo de neuronas, el sistema les parece un buen candidato en la búsqueda de pistas sobre la evolución de las capacidades lingüísticas, ya que esas neuronas están supuestamente implicadas tanto en el control motor como en la capacidad de reconocimiento y de imitación de información visual y auditiva, algo vital para el aprendizaje y la producción del lenguaje. El hecho de que el área de Broca de los humanos esté situada en la región equivalente al área F5 de los macacos refuerza la idea de que no se trata de circuitos neuronales de evolución reciente, sino de la asunción de funciones nuevas por neuronas ya implicadas en la imitación y el control motor. Sin embargo, a la hora de buscar equivalencias entre especies, conviene ser cautos. En experimentos recientes se ha observado la existencia de neuronas espejo en otras regiones del cerebro del macaco relacionadas con el control motor, además de en F5, por lo que el sistema es mucho más difuso de lo descrito en un primer momento. Por otra parte, no hay pruebas concluyentes que demuestren la existencia de neuronas espejo en los humanos, aunque se ha observado actividad en imágenes de resonancia magnética que podría compararse a la de esas neuronas, tanto en la región del área de Broca como en otras regiones del sistema motor.

Esta visión moderna de procesamiento distribuido del lenguaje no mina un ápice la idea de que este pueda tener un importante componente innato, sino que elimina la necesidad de buscar en el encéfalo un supuesto órgano específico para ello. En vez de eso, las investigaciones deben centrarse en comprender cómo se produce el flujo de información y la emergencia de las propiedades relacionadas con el lenguaje en un encéfalo caracterizado por la plasticidad y la computación distribuida. En este contexto, son también muy interesantes los datos que muestran pistas sobre la emergencia de la capacidad simbólica en los encéfalos humanos. En comparación con otros primates, los humanos modernos tenemos una corteza prefrontal de gran tamaño, tanto en volumen absoluto como relativo al resto del cuerpo. Esta amplia región, situada en la parte más anterior del cerebro, ha sido una de las protagonistas del aumento de volumen encefálico en el linaje humano, hasta el punto de que es aproximadamente el doble de grande de lo que se podría predecir para el encéfalo de un simio de nuestro tamaño (hay autores que discrepan de estas conclusiones y consideran que la corteza cerebral —y con ella la corteza prefrontal— tiene el tamaño que se podría esperar para el volumen total del encéfalo humano; en cualquier caso, lo que sí está claro es que el encéfalo de *Homo sapiens* en su conjunto tiene un tamaño desproporcionado). La corteza prefrontal se ha convertido en un importante centro de control comportamental; recibe información de las diversas áreas de asociación cerebrales y gestiona la toma de decisiones que, entre otros efectos, determinarán el comportamiento motor, es decir, la contracción de la musculatura voluntaria. Es la región cerebral que tarda más tiempo en madurar, alcanzando una cierta estabilidad a partir de los 20 años. Este hecho se ha relacionado con el comportamiento frívolo, indiferente a los riesgos y poco reflexivo que caracteriza a las mentes adolescentes.

Pues bien, entre las funciones de la corteza prefrontal parece estar también el procesamiento simbólico. Uno de los grandes retos de la neurociencia aplicada al estudio del lenguaje —y, por extensión, a otros campos como el de la inteligencia artificial— es el de descubrir cómo hace el sistema nervioso para dotar de significado a las palabras, es decir, para establecer relaciones entre las palabras y las cosas o conceptos a los que hacen referencia. Y es aquí cuando entra en juego la corteza prefrontal, ya que algunos estudios indican que está implicada en el aprendizaje de relaciones de asociación. Según esto, la corteza prefrontal dirigiría la construcción del mapa de palabras que, como se ha descubierto recientemente, se distribuye por toda la corteza cerebral. El daño en la corteza prefrontal en bebés de 19 a 31 meses origina problemas en el aprendizaje lingüístico relacionados tanto con el vocabulario como con la gramática, lo cual se ha vinculado con una deficiencia en el procesamiento simbólico.

En los poco más de 150 años que han transcurrido desde que Paul Broca indicó la relación entre una región del cerebro y el lenguaje, la ciencia ha mostrado que para algunas habilidades cognitivas la tarea de asignar funciones concretas a regiones concretas del tejido nervioso es más difícil de lo que se suponía, y que el control del lenguaje se realiza mediante una amplia red neuronal distribuida por ambos hemisferios cerebrales. El estudio de casos médicos en los que se puede relacionar daño neuronal con déficits en el procesamiento simbólico o el lenguaje, junto con el refinamiento de las técnicas para obtener imágenes de las regiones más activas del cerebro, sirve para señalar con el dedo qué zonas pueden estar implicadas. Pero esto de poner banderillas en un mapa no da mucha información sobre cómo se produce en realidad el procesamiento nervioso de la información, por lo que todavía estamos lejos de comprender los mecanismos finos por los que nuestro encéfalo produce y gestiona el simbolismo y el lenguaje.

Tomando el control

Utilizamos el lenguaje para pensar y para comunicarnos. Como acabamos de ver, explicar los procesos neuronales de lo primero, junto con los detalles evolutivos, llevará su tiempo. En cambio, los circuitos encefálicos que se encargan de la exteriorización, de producir tanto el habla como el lenguaje de gestos, sí que se conocen con cierta precisión. No me perderé aquí con la descripción de las conexiones anatómicas y los detalles fisiológicos del control del habla y los movimientos de las manos, sino que me centraré en comentar algunos detalles relevantes relacionados con el proceso evolutivo.

En el cuerpo tenemos varios tipos de músculos, algunos se mueven de forma automática, involuntaria —como los que regulan el tamaño del iris, o los movimientos del estómago—, pero muchos otros están sujetos al control voluntario. Este control puede tener, a su vez, distintos grados de precisión. Las neuronas que contactan directamente con las fibras musculares y que son las que, en última instancia, dan la orden de contracción, se llaman motoneuronas. En la corteza cerebral tenemos el centro de control de todas las motoneuronas, una amplia región que se llama corteza motora primaria. Cada vez que queremos mover un músculo de forma voluntaria, siempre hay un grupo de neuronas en la corteza motora primaria que envía la orden hacia algún grupo de motoneuronas. La jerarquía es clara: la corteza motora decide y la motoneurona responde sumisa. Ahora bien, esta jerarquía puede ser cosa de dos, en donde las neuronas de la corteza contactan directamente con las motoneuronas, o incluir más elementos. En este último caso, las neuronas de la corteza contactan con neuronas intermediarias, que a su vez contactarán con las motoneuronas. En el primer caso el control voluntario es preciso y absoluto; en el segundo caso el control también es voluntario, pero está sujeto a ajustes automáticos realizados por las neuronas intermediarias. Esto último es lo que ocurre en la mayoría de mamíferos, en donde pocas neuronas de la corteza cerebral —si es que alguna— contactan directamente con las motoneuronas. Sin embargo, en los primates el proceso evolutivo ha producido en algunos casos conexiones directas con las motoneuronas, en concreto con las que se encargan del movimiento de manos y dedos. De esta forma se consigue que la contracción esté ajustada con precisión a la decisión voluntaria consciente. Esto ha permitido que muchos primates disfruten de una especial destreza para la manipulación de objetos.

En la evolución humana se han producido también modificaciones anatómicas que favorecen la fonación, como la localización de la laringe, que se encuentra en una posición inferior en el tracto bucal con respecto a su situación en otros primates actuales, lo cual permite la producción de un rango más amplio de sonidos (también hace que podamos atragantarnos con más facilidad, pero parece que el cambio ha merecido la pena). Sin embargo, mucho más importantes que estos refinamientos en la disposición anatómica, son los cambios que se han producido en el control voluntario de grupos de músculos implicados en la fonación: los humanos modernos tenemos un control voluntario exquisito sobre los músculos de la boca, laringe y lengua, y también de la cara (esto último es importante para la comunicación visual mediante gestos). Las motoneuronas que se encargan de controlar los músculos implicados en el habla y los gestos de la cara se encuentran situadas en el tronco del encéfalo y en la porción superior de la médula espinal. La maduración completa (en concreto, la mielinización) de las conexiones que se establecen entre la corteza motora primaria y las motoneuronas coincide más o menos con el momento en que los niños producen sus primeras palabras. Comparados con el resto de mamíferos estudiados, los humanos tenemos un mayor control voluntario sobre los músculos del sistema vocal, y somos los únicos mamíferos conocidos en los que existe un control masivo directo de la corteza motora sobre las motoneuronas que se encargan de los movimientos de la laringe (localizadas en el núcleo ambiguo del tronco encefálico) y, por lo tanto, también de la tensión de las cuerdas vocales (el otro caso destacado en el reino animal es el de algunos pájaros cantores con capacidad de aprendizaje, en los que existe una conexión

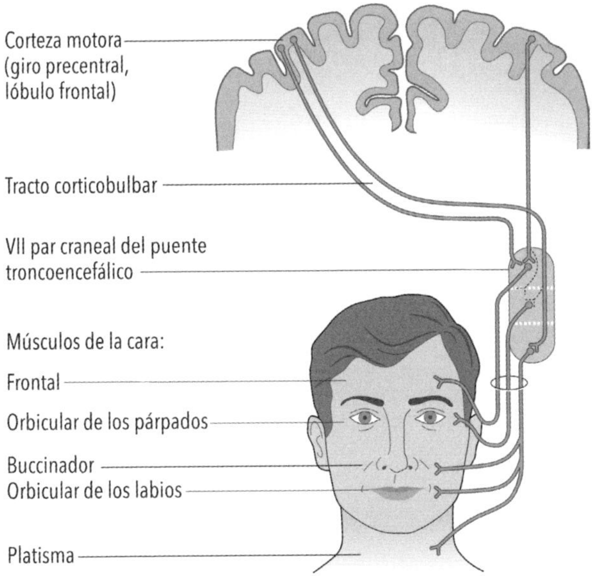

Figura 10. Conexiones directas entre el cerebro y los músculos del habla. Los seres humanos poseemos un control voluntario privilegiado de los músculos del habla, formado por conexiones directas (monosinápticas) entre la corteza cerebral y las neuronas motoras.

directa análoga a la de los humanos, entre la corteza cerebral y las motoneuronas encargadas de las vocalizaciones), detalle que con toda probabilidad ha sido determinante en la evolución del habla. En este caso se ha dado una toma de control voluntario sobre músculos inicialmente viscerales, de control involuntario. Ningún otro primate tiene conexiones directas entre la corteza cerebral y las motoneuronas que controlan la laringe.

De forma similar, los humanos tenemos una conexión neuronal directa entre la corteza cerebral y las motoneuronas que regulan los movimientos de la lengua, pero en este caso no es una característica anatómica exclusiva, ya que esa conexión existe también en otros primates. Sin embargo, la función no es la misma: si un humano sufre la destrucción de esas conexiones, pierde por completo la capacidad de expresión oral; por el contrario, cuando ocurre un daño similar en los otros primates, su comportamiento vocal no se modifica, ya que se trata de una respuesta automática, espontánea. Como indica la primatóloga Jane Goodall, «las vocalizaciones de los chimpancés están estrechamente ligadas a las emociones. La producción de un sonido en ausencia del estado emocional adecuado parece una tarea casi imposible para un chimpancé». Por la misma razón, a los chimpancés les resulta muy complicado suprimir la producción de los sonidos relacionados con los distintos estados emocionales.

En el linaje humano hay, por lo tanto, una clara tendencia evolutiva a la toma de control voluntario de algunos movimientos que permite ejercer una regulación cada vez más fina sobre las manos, la cara y los músculos de la fonación, y que se materializa con el incremento de las conexiones directas entre la corteza cerebral y varios grupos de motoneuronas. En el proceso evolutivo, esta llamada vía corticomotoneuronal aparece en los mamíferos, se refina en los primates y tiene su mayor desarrollo en los humanos. Esta tendencia evolutiva es también patente en el número de neuronas que el cerebro dedica a controlar los músculos de manos, laringe, lengua y cara. Estas regiones son, con diferencia, las que más representación neuronal tienen en la corteza motora primaria, característica que se muestra con claridad

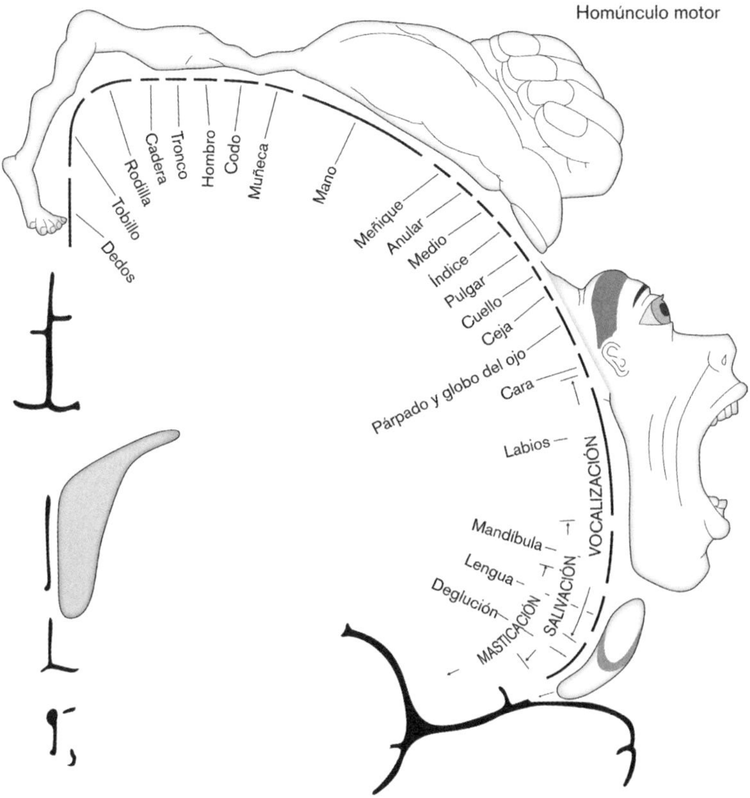

Figura 11. Homúnculo motor. En este tipo de representación el tamaño de las distintas partes del cuerpo es proporcional al número de neuronas cerebrales implicadas en el movimiento de esas mismas regiones.

de manera gráfica en el llamado *homúnculo motor* (y algo similar ocurre con las neuronas de la corteza somatosensorial encargadas de recibir información táctil de esas regiones). El homúnculo es una representación utilizada en neuroanatomía en la cual el tamaño de las distintas partes del cuerpo es proporcional al número de neuronas implicadas en el control de cada región. A la vista de las modificaciones evolutivas que acabo de comentar, es fácil comprender que el homúnculo motor sea muy cabezón, tenga una boca y unos labios desproporcionados, y luzca unas manos de gigante.

Aunque no conocemos con detalle los mecanismos evolutivos que propiciaron el aumento de volumen encefálico en el linaje humano, hay, desde luego, varias habilidades relacionadas con el lenguaje que se verían beneficiadas con un cambio así, entre las que estaría el ya citado incremento en las capacidades de memoria (tanto de la memoria de trabajo como de la memoria semántica, encargada de almacenar el léxico que maneja cada individuo; habilidades que son favorecidas al aumentar el número de neuronas y sus conexiones). Por otra parte, como acabamos de ver, parte del incremento de volumen —que se observa ya en *Homo habilis*— se debe también al aumento en el número de neuronas corticales encargadas de controlar tanto los músculos de la cara y las manos como los de la fonación. Además, se ha sugerido que el incremento de la corteza prefrontal lleva parejo el establecimiento de conexiones con el cerebelo, que es un centro básico para el control fino de los movimientos y también para la memoria motora.

Y se hizo el lenguaje

Hemos visto que el pensamiento simbólico y el lenguaje son destrezas exclusivas del ser humano, y que el lenguaje se diferencia de otros sistemas de comunicación animal, los cuales tienen su base en índices. También hemos recorrido de forma somera la historia evolutiva del linaje humano, y comentado algunas características de la evolución y la estructura del encéfalo relacionadas con el lenguaje y su control sobre los músculos de la fonación y las manos. Es hora, por tanto, de entrar de lleno en el problema de la evolución del pensamiento simbólico y el lenguaje. No hay, ni mucho menos, consenso en la lingüística, paleoantropología, psicología, neurociencia o arqueología sobre las causas, desarrollo temporal, función primordial o especies del linaje humano que pudieron poseer estas habilidades. En el texto que sigue referiré algunas de las propuestas más relevantes. Sin embargo, en este punto de las investigaciones, más importante que encontrar una respuesta definitiva, es descubrir y disfrutar con muchos datos sorprendentes que se han ido recopilando sobre el modo de vida de nuestros ancestros, la estructura del lenguaje, la evolución reciente de algunas lenguas, o la relación entre los aspectos biológicos y culturales de la naturaleza humana.

Hace un millón y medio de años

Un pequeño grupo de humanos, formado por media docena de individuos, se mueve sigiloso por una amplia extensión abierta de sabana del este de África. En el paisaje destacan algunas acacias y suaves lomas. La mayor parte del terreno está cubierto de hierbas de tonos dorados. Es territorio de herbívoros y, por lo tanto, de carnívoros. Hace calor, el sol está alto, unas pocas nubes desfilan por el cielo. Los humanos aprovechan las horas centrales del día para explorar el territorio, ahora que las molestas hienas o los grandes depredadores como los tigres de dientes de sable están poco activos. No se separan mucho de los pequeños cursos de agua que corren parsimoniosos, escondidos entre la vegetación; la hidratación es fundamental. Caminan con el cuerpo erguido, a buen ritmo. De vez en cuando atisban algunas gacelas, que echan a correr a toda velocidad mucho antes de aproximarse a ellas. Aunque podrían seguirlas para tratar de cansarlas y así poder acercarse más, ya que los humanos son buenos corredores de fondo, hace demasiado calor para ponerse a ello. El grupo está formado por un joven de unos 14 años y cinco adultos, cuatro machos y una hembra, todos de entre 20 y 30 años. No llevan ningún tipo de prenda para proteger el cuerpo. Uno de los adultos lleva en la mano una piedra tallada con forma de lágrima, los bordes afilados. Puede resultarle muy útil para defenderse en un cuerpo a cuerpo del ataque de algún depredador, o lanzarla como un proyectil a corta distancia. La piedra, manejada con destreza, es capaz de provocar cortes profundos incluso en los cuerpos más resistentes. Los otros humanos llevan en la mano ramas gruesas, sin trabajar, que han encontrado en el camino y que les dan una cierta seguridad. Al pasar por el lecho de un río seco se paran ante una numerosa colección de cantos rodados de buen tamaño. Se miran a la cara y uno de ellos hace gestos con las manos y suelta algún gruñido que parece significar algo. No hay un líder claro del grupo, las decisiones se toman por una especie de asentimiento difuso. Todos tienen clara la rutina de sus jornadas de búsqueda de alimentos, no hay decisiones complejas que tomar. Ellos, sus ancestros y los ancestros de sus ancestros llevan haciendo lo mismo desde hace miles de años. Recogen varios cantos rodados y se sientan a la sombra de una acacia. A lo lejos, una manada de antílopes corre despavorida, probablemente asustados por la presencia de algún felino. Dos de los adultos se ponen a golpear sendos cantos rodados con otras piedras que hacen de percutores, extrayendo fragmentos para, poco a poco, darle forma de lágrima con los bordes afilados. El joven trata de imitarlos y consigue elaborar su propia hacha de piedra, un poco más tosca que las demás. Descansan un buen rato a la sombra de la acacia, hasta que uno de ellos se levanta, hace gestos para incitar a los demás a ponerse de nuevo en marcha y lanza algún gruñido que es posible que signifique algo. Los demás se miran entre sí y siguen descansando. El otro se sienta de nuevo. No es sencillo comunicar a los demás lo que pasa por la mente. Gana el asentimiento difuso.

El sol está un poco más bajo y es seguro que los grandes depredadores se han puesto ya manos a la obra. El hambre aprieta a todos. Ser carnívoro aporta grandes cantidades de energía en dosis concentradas, pero a veces no es fácil dar con la dosis. A lo lejos escuchan el rugido sobrecogedor de varios tigres. Parece que pelean o juegan entre ellos para hacerse con un trozo de carne del rinoceronte que acaban de matar. Los humanos se levantan y, como si estuviera convenido de antemano, se ponen a caminar en dirección a los tigres. Llevan palos y varias hachas de piedra, pero además el joven y uno de los adultos recogen alguna de las lascas que se desprendieron al elaborar sus hachas; pesan poco y tienen unos bordes muy afilados. Se acercan al rinoceronte muerto, rodeado de varios tigres, alguna hiena y un puñado de buitres, pero no se dejan ver. Permanecen escondidos entre la hierba, observando cómo los demás se dan el festín. Pasan varias horas, el sol está ya bastante bajo, llegan más depredadores enseñando los dientes, hay varias escaramuzas para tratar de hacerse con los mejores pedazos de carne. El rinoceronte se ha convertido en un esqueleto del que penden algunos jirones. Los humanos permanecen en silencio, aunque se miran entre sí continuamente. La esclera blanca de sus ojos facilita que los demás conozcan hacia dónde mira cada uno, y eso basta para hacer varios tipos de señales. Los tigres tienen ya la panza llena, y se van retirando, dejando paso a los buitres y a las hienas. Estas aprovechan la carne que queda y se ponen también a triturar huesos. Los buitres hacen lo que pueden. Los humanos miran desde una distancia prudente, pero llega un momento en que uno de ellos decide que el balance de fuerzas comienza a decantarse hacia su lado y mira con impaciencia a los otros. No puede hacer, todavía, mucho ruido, pero sí gestos con manos, cara y ojos, que mueve de forma repetida en dirección a los huesos del rinoceronte. No se sabe muy bien cómo, pero de repente uno de ellos grita y los demás le siguen. Se ponen a correr en dirección a lo que queda de rinoceronte. Los palos en alto, los gritos cada vez más desgarradores, y dos o tres hachas de piedra que vuelan en dirección a las hienas. Estas, con la barriga medio llena, no tienen el cuerpo para batallas y, bastante satisfechas, se retiran. Los buitres dan varios pasos hacia atrás. Los humanos, por fin, se han apoderado del rinoceronte. De los huesos del rinoceronte.

Recogen las hachas de piedra que habían lanzado y, con esas magníficas herramientas, golpean los huesos más grandes, que no habían podido romper las hienas, para acceder a la médula ósea de su interior. Comen el tuétano como si no hubiera un mañana, pero también comparten los fragmentos que van extrayendo. Enemistarse con un miembro del grupo supondría el aislamiento y, con ello, la muerte. Rompen un hueso detrás de otro. De vez en cuando se levantan, gritan, agitan los palos y lanzan piedras para alejar a los buitres y a alguna hiena insistente. Con las hachas de mano y también con las afiladas lascas que habían traído consigo, consiguen cortar los fragmentos de carne que todavía quedaban sin desprender. Pronto caerá la noche y lo más seguro es regresar junto al grupo principal, en donde conviven cerca de cien individuos. Emprenden el camino de vuelta dejando atrás la mayoría de los instrumentos de piedra; ya harán más cuando sea necesario. Cargan, eso sí, con los huesos que quedan sin romper. Dentro va el tuétano que compartirán con parte de los que se han quedado en el asentamiento principal... si consiguen llegar de vuelta. Los tigres de dientes de sable siempre están al acecho.

Para los humanos, la vida en la sabana hace millón y medio de años no era sencilla, pero iban tirando. Eran buscadores-recolectores carroñeros. En vez de fuerza y cuerpos grandes, tenían inteligencia. Con ella habían desarrollado algo que ningún otro animal tenía a su alcance: herramientas multiusos de piedra. Aunque su dieta era variada, se habían especializado en un nicho ecológico con poca competencia: el interior de los huesos. Por lo general no tenían capacidad para cazar grandes herbívoros, así que dependían de las capturas de otros, o de los que morían viejos o enfermos. Sería estupendo hacerse con toda la carne de un gran animal, pero pocas veces lo lograban; ese puesto estaba ocupado por los felinos y otras bestias.

El escenario descrito arriba es hipotético, aunque muchos de los elementos que se vierten ahí son resultado de las aportaciones que la paleoantropología ha hecho —y sigue en ello— para tratar de reconstruir la vida de nuestros ancestros. Ese panorama cambiaría de manera radical en los siguientes cientos de miles de años debido a que, de alguna manera, esos animales bípedos que caminaban con las manos colgando y que no tenían más remedio que conformarse con los restos, desarrollaron las armas más poderosas: simbolismo, lenguaje y cultura. Es probable que algún tipo de autoconsciencia primigenia ya estuviera instalada en la cabeza de nuestros ancestros desde hace bastantes millones de años. Con ella es posible interpretar el mundo desde una perspectiva individualizada, al tiempo que se es consciente de la existencia de otras mentes, algo que resultará muy útil para construir sociedades complejas y flexibles, con capacidad de adaptación en períodos muy cortos de tiempo.

Las circunstancias que rodearon los cambios evolutivos que condujeron a los humanos modernos favorecieron que, de una manera poco común, nuestros ancestros pudiesen moldear su propia naturaleza. Se encontraron con un manual de autoayuda en forma de manos libres, dieta variada y variable, autoconsciencia y capacidad para la vida en sociedad. Todo ello gobernado por un sistema nervioso poblado por decenas de miles de millones de neuronas hambrientas. Para explicar cómo pudo surgir el simbolismo y el lenguaje a partir de estos ingredientes se han propuesto muchos escenarios. Veamos algunos de los más relevantes.

Las semillas de las palabras

La elaboración de una teoría que explique el advenimiento del lenguaje es un viejo desafío de la ciencia. Sin embargo, las herramientas de investigación capaces de alimentar con solidez y rigor dicha teoría (métodos de datación de restos fósiles, genética de poblaciones, etcétera) no han estado disponibles hasta hace pocas décadas. Hace tan solo 150 años había mucha especulación y discusión sobre el tema, pero se hacía sobre terreno poco firme, de manera que no conducía a ninguna parte, hasta el punto de que la principal autoridad de la época dedicada al estudio del lenguaje, la Société de Linguistique de Paris, decidió nada menos que prohibir todo tipo de discusión que tratara sobre el origen o la evolución del lenguaje. Hoy la situación es distinta y el tema es tratado con rigor por muchos grupos de investigación, aunque el campo sigue plagado de dificultades. Para empezar, ni siquiera se ponen de acuerdo en qué es lo que evoluciona, dependiendo de qué elemento considere cada uno como esencial para la propiedad lingüística: el simbolismo, la sintaxis, la cultura, alguna habilidad cognitiva general, etcétera. Tampoco hay acuerdo sobre cuál fue la función primaria del lenguaje, si se trataba ya desde un principio de una herramienta para la comunicación o bien si se usó inicialmente como un elemento para el manejo de conceptos y el pensamiento simbólico. En lo que sí hay acuerdo es en la relación íntima que existe entre la evolución del pensamiento simbólico y el lenguaje moderno.

Las hipótesis son muy variadas y enfocan el problema desde perspectivas distintas, entre las que están el estudio de la evolución de las capacidades gestuales y orales, el estudio de la evolución del simbolismo, y el estudio de la evolución de la sintaxis. Pero además, hay que tener en cuenta que a la hora de investigar la evolución del lenguaje es preciso superponer varias escalas temporales bien distintas: a nivel individual es importante conocer cómo se produce el proceso de aprendizaje durante el desarrollo del bebé (el desarrollo ontogenético, que va desde la concepción hasta la edad adulta); desde el punto de vista cultural existe también un proceso de aprendizaje y acumulación que se desliza a través de las generaciones; y, por supuesto, a largo plazo existe una evolución biológica que es la responsable de los elementos fijados por la selección natural. Estos tres tipos de elementos (desarrollo individual, cultural y biológico) se entrelazan y condicionan de forma mutua.

Si ponemos el acento en la evolución biológica y cultural, los modelos más interesantes, y que lidian con la parte más difícil del problema, son los que tratan de discernir cómo pudo ser el origen de las primeras palabras (utilizaré aquí el término *protolenguaje* para hacer referencia al lenguaje primigenio, supuestamente distinto —menos complejo en su uso, sintaxis, léxico, etcétera— que los lenguajes modernos). Ya en tiempos de la prohibición de París, Charles Darwin se aventuró a proponer un origen para el lenguaje. Según él, el primer protolenguaje tendría su base en la música y se habría desarrollado por mecanismos de selección sexual (por similitud con las melodías de los pájaros cantores), y en ese proceso entrarían en juego elementos como la territorialidad, la competición vocal y el cortejo. Las primeras palabras surgirían a partir de onomatopeyas o de la imitación de ciertas expresiones. Este modelo musical para el origen del lenguaje tiene hoy escaso seguimiento, aunque todavía es la hipótesis principal de algunas líneas de investigación. Aún no está claro si el paralelismo entre las capacidades de aprendizaje vocal de pájaros cantores (y también de focas y algunos cetáceos) y las habilidades para la vocalización de los humanos es el resultado de una convergencia evolutiva o si, por el contrario, se trata de propiedades homólogas (que tienen un sustrato genético común). Por otra parte, las capacidades cantoras en la mayoría de esos animales (pájaros, focas, cetáceos) existen tan solo, o de manera mucho más pronunciada, en los machos. Para algunos investigadores, el protolenguaje musical sería la base para la fonología, a partir de canciones carentes de significado (es decir, no tendrían significado proposicional como el que sí existe en el lenguaje moderno, en el que se hace referencia a algún aspecto concreto del mundo). Según otra de las propuestas actuales, la principal función de la música como precursora del lenguaje sería la promoción de la cooperación, coordinación y cohesión del grupo.

Otra de las opciones que se barajan en una buena cantidad de propuestas es la de un protolenguaje con base en gestos. La idea es que el lenguaje se originó a partir de un sistema de gestos manuales, que tuvo a su vez un importante acicate en el bipedismo, que, como hemos visto, dotó de mayor libertad a las manos. A partir de un comienzo gobernado por la realización de gestos manuales y faciales, se pasaría con el tiempo a un sistema con base en gestos vocales, en sonidos. El reciente descubrimiento de las neuronas espejo se ha utilizado para apoyar esta hipótesis, ya que muestran una relación entre destreza manual, imitación y lenguaje de gestos. Se puede mostrar con facilidad la interesante interacción que opera de forma inconsciente en todos nosotros entre gestos, sistema visual y audición con el llamado efecto McGurk, una ilusión en la que se descubre cómo los gestos de la boca pueden interferir en la percepción auditiva de quien escucha y mira a la cara al que habla, poniendo así de manifiesto la habilidad, probablemente innata, que poseemos de leer en los labios. Otro argumento que se ha propuesto a favor de un protolenguaje gestual es la lateralización de los hemisferios cerebrales: aunque el cerebro y resto del encéfalo funciona como un todo, existen algunas funciones cognitivas en las que hay una cierta dominancia de un hemisferio con respecto al otro (no entraré aquí en la discusión sobre las razones evolutivas de esta lateralización). En todas las culturas y tiempos históricos la mayoría de los humanos han sido y son diestros (de hecho, hay evidencias de que esta lateralización ya existía en *Homo ergaster, heidelbergensis y neanderthalensis*), debido a que el hemisferio izquierdo, que controla los movimientos de la parte derecha del cuerpo, resulta ser dominante a la hora de realizar tareas manuales que requieren alguna precisión. Se ha propuesto que el área de Broca se encuentra en la mayoría de las personas en el hemisferio izquierdo precisamente por esta misma razón, ya que la comunicación lingüística requiere de un control fino de la musculatura. Sin embargo, hay que tener en cuenta que esta relación entre la localización de la supuesta área de Broca y la destreza manual no indica que exista una relación causal, ya que hay personas diestras con el área de Broca en el hemisferio derecho, y personas zurdas —la mayoría— con esa región en el hemisferio izquierdo. Con todo, el principal problema que tienen los modelos que proponen un origen gestual para el lenguaje es el de explicar cómo se produjo la transición a un lenguaje vocal. Es decir, si tienes un lenguaje gestual que funciona, ¿qué razones pueden existir para sustituirlo por uno vocal? Se han propuesto varias ventajas que tendría el sistema vocal sobre el gestual: permite la comunicación en la oscuridad o en zonas de vegetación densa, permite la comunicación a larga distancia, deja las manos libres para otras cosas, permite que la atención visual se dirija a otras tareas, etcétera. Sin embargo, hay quienes no consideran estas ventajas suficientes para justificar el cambio, e incluso argumentan con el hecho paradójico de que las lenguas de signos actuales, usadas por las personas sordas, son una prueba en contra del origen gestual del lenguaje: al tratarse de lenguajes completos, con toda la riqueza gramatical y misma potencia comunicativa que cualquier lengua hablada, muestran que pueden funcionar a la perfección sin un suplemento vocal.

Muchas propuestas, desde luego, apuntan a un origen vocal para el protolenguaje primigenio, o a una combinación de sonidos y gestos. Al fin y al cabo, es el sistema que utilizamos ahora y, aunque no se trate de lenguaje, la comunicación mediante sonidos es común en el mundo animal. En este caso la mayoría de lingüistas sí que se pone de acuerdo en algo que en principio parece contraintuitivo: el lenguaje humano no es el resultado de una evolución a partir de llamadas animales, es otra cosa. Uno de los argumentos que apoyan esta idea es el hecho de que hoy en día los humanos todavía poseemos nuestro propio sistema de comunicación animal, de manera paralela al lenguaje, formado por un nutrido repertorio de gestos y sonidos que son equivalentes a las llamadas que producen otros animales, con toda probabilidad reliquias de las que utilizaban nuestros ancestros. Entre nuestro repertorio de comunicación primate tenemos gritos, suspiros, sollozos, risas, bufidos, etcétera, junto con una buena gama de expresiones faciales para transmitir sorpresa, alegría, asco o enfado. Usamos estas señales, además, para transmitir el mismo tipo de mensajes que los utilizados hoy en día por otros primates, pero con un mayor abanico de expresiones en nuestro caso, ya que los humanos tenemos un control más refinado de los músculos de la cara y el cuello (por ejemplo, respecto a las expresiones faciales innatas, se han encontrado unas veinte categorías distintas). Se trata de señales estereotipadas, rígidas, difíciles de reprimir, codificadas en los genes, poco propensas a variaciones culturales y al control voluntario, cuya función es transmitir emociones. El lenguaje vocal se apropió, por supuesto, de la infraestructura anatómica y fisiológica ya utilizada para producir estas señales viscerales, pero se considera que su origen cultural y biológico —su sustrato neural— es independiente, relacionado con todos los cambios —culturales, sociales, cerebrales— que favorecieron la emergencia del pensamiento simbólico. El lenguaje está controlado por la corteza cerebral, que es en donde se administran los actos voluntarios; por su parte, las llamadas vocales de los primates se controlan de manera automática por el tronco encefálico y el sistema límbico.

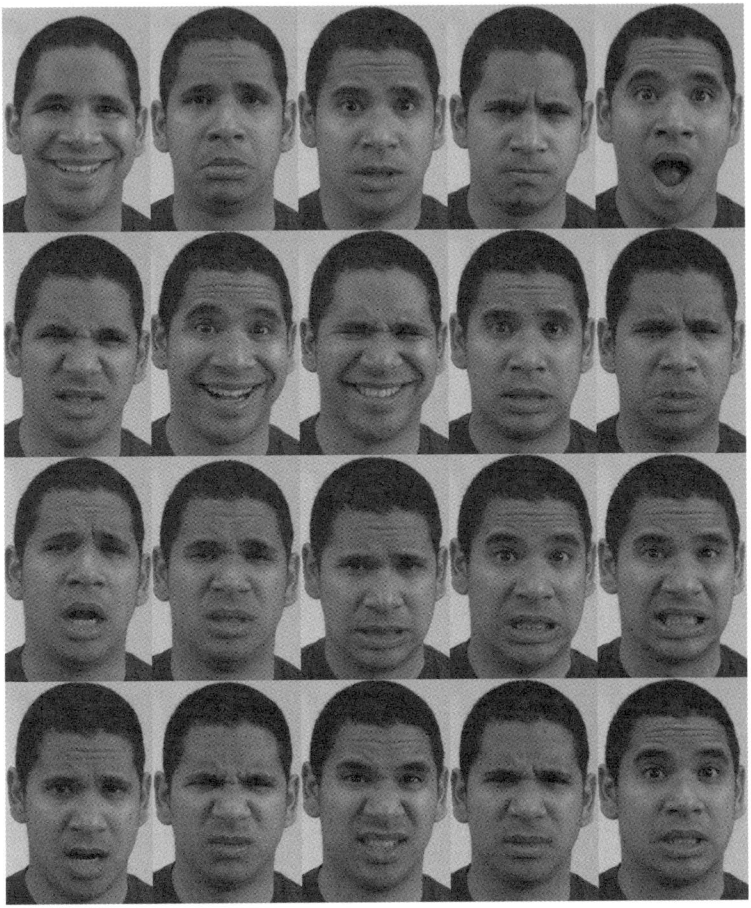

Figura 12. Comunicación visceral humana. Se han detectado alrededor de veinte categorías distintas de expresiones faciales para las emociones humanas. FUENTE: Aleix M. Martinez.

Aunque hay bastantes hipótesis para tratar de explicar un origen vocal del lenguaje, la idea general es que comenzó como un protolenguaje con base en el léxico, sin sintaxis. Es decir, en un comienzo estaría formado por palabras sueltas (nombres) carentes de mecanismos (otras palabras) o reglas para enlazarlas entre sí y que, de alguna forma, se recubrieron de una capa de simbolismo. Nuestros ancestros aprendieron a relacionar palabras —formadas por sonidos, gestos o una combinación de ambos— con algún objeto o concepto del mundo, estableciendo así un sistema de referencia simbólica. La capacidad simbólica del sistema nervioso podría estar ya presente antes de esas primeras palabras —generada, por ejemplo, a partir del desarrollo de las habilidades manuales y mentales necesarias para elaborar instrumentos de piedra—, o bien esas primeras palabras fueron precisamente la semilla de la que germinó la capacidad simbólica. En este caso, el escenario inicial estaría formado por palabras sueltas de naturaleza icónica (onomatopeyas, gestos icónicos combinados con sonidos, etcétera), en donde parece sencillo establecer y hacer ver a los demás la existencia de una relación entre la palabra y la cosa que representa, relación que abriría el camino hacia el simbolismo. Con el tiempo surgiría también la sintaxis, la capacidad y las reglas para establecer secuencias de dos o más palabras y con ello generar significados nuevos o más precisos. En un primer momento la sintaxis tendría también una naturaleza icónica, en el sentido de que el orden de las palabras se correspondería de forma cruda con el orden natural de desarrollo de los hechos («árbol subo fruto»), y solo más adelante la estructura se volvería arbitraria («recogí esta manzana tras subir a aquel árbol»). Algunos investigadores establecen un vínculo entre la elaboración de herramientas y la sintaxis, ya que en ambos casos se trata de un proceso secuencial que implica el control preciso de los músculos. Según esta idea, la aparición de las primeras industrias líticas hace unos dos millones de años podría haber dispuesto el armazón neuronal que facilitaría la emergencia de las dos características que forman la esencia del lenguaje: el pensamiento simbólico (en principio, necesario para imaginar la forma final de la herramienta) y la sintaxis (como secuencia de varios pasos).

Hay una cuestión que permanece latente en todos estos modelos sobre la evolución del lenguaje: la utilidad de las primeras palabras, o protopalabras. Los especialistas en el tema tienen, cómo no, hipótesis de lo más diverso. Para algunos su función era docente y servían para la enseñanza de la manufactura de herramientas; otros opinan que el lenguaje se originó como un sistema para mantener la cohesión de grupos sociales grandes, y que funcionaba como una vía para la transmisión de cotilleos; hay también quienes defienden la hipótesis de que las primeras palabras se utilizaron para establecer contratos sociales para favorecer el establecimiento de parejas y la monogamia. Sin embargo, el problema con estas hipótesis, y con muchas otras, es que requieren un tamaño mínimo de vocabulario para que ese protolenguaje pueda ser útil como vía para favorecer alguna de esas actividades. Como recalca el lingüista Dereck Bickerton, el lenguaje, en sus comienzos, tuvo que tener una utilidad inmediata, poseer valor adaptativo —conferir algún tipo de ventaja para la supervivencia y la reproducción— desde la primera palabra. Es decir, si la primera palabra o las primeras pocas palabras no hubieran tenido la capacidad de dotar a quienes las emplearon de algún tipo de beneficio evolutivo, el lenguaje nunca habría despegado como tal.

La carne es mía

El propio Bickerton ha desarrollado una de las teorías más completas para tratar de explicar la función de las primeras palabras en el amanecer del lenguaje. Según él, un paso importante fue la aparición de un nicho ecológico —es decir, de un entorno biológico, ambiental y comportamental— apropiado. Esto habría ocurrido en algún momento en los últimos dos millones de años y estaría favorecido por la aparición de herramientas de piedra. El escenario que se describe al comienzo de este capítulo sitúa la escena inmediatamente antes de una importante transición, en la que el nicho de buscadores-recolectores carroñeros fue sustituido por otro que se ha denominado *carroñeo activo*, *carroñeo de fuerza* o *carroñeo de enfrentamiento* (más adelante en la historia evolutiva este nicho volvería a sustituirse por el de cazador-recolector). Para Bickerton, el lenguaje fue la herramienta que permitió ese cambio de nicho.

Nuestros ancestros carroñeros comedores de tuétano no tenían más remedio que aguardar a que los grandes depredadores se dieran el festín, para entrar en escena en el último acto y quedarse con los huesos. Sin embargo, la gran cantidad de carne que proporciona un herbívoro de buen tamaño es un buen acicate evolutivo. Como ya indiqué con anterioridad, las marcas que dejan los colmillos y las herramientas de piedra en los huesos indican el orden en el que se llegó a ellos, y los restos fósiles indican que ese orden se invirtió de manera paulatina en los últimos 2 millones de años, con muestras claras en la época de *Homo heidelbergensis*: los seres humanos comenzaron a tener acceso primario a la carne, dejando los restos para los otros depredadores y carroñeros. Para conseguir eso fueron muy útiles las hachas de piedra, que pueden cortar el cuero para acceder al interior del animal (un ser humano, sin otra herramienta más que sus dientes y uñas, no tiene nada que hacer ante, por ejemplo, un rinoceronte muerto). Pero lo que, desde luego, cambió las cosas fue conseguir mantener a raya a los grandes depredadores y carroñeros (leones, tigres de dientes de sable, hienas, buitres, etcétera) para acceder al festín antes que todos ellos, y esto, según la teoría de Bickerton, se consiguió con algo en que los animales sociales somos especialistas: la fuerza del número. De hecho, la depredación que los propios humanos sufrían por parte de tigres y leones pudo haber sido un elemento que favoreció la vida en comunidades numerosas. Un grupo pequeño de cuatro o seis humanos exploradores, por muy espabilados que sean, tienen poco que hacer con sus cuerpecillos y sus herramientas ante un grupo de tigres; pero el panorama cambia si en lugar de seis hablamos de varias docenas. En este caso, utilizando armas y herramientas de piedra y madera, es posible contener la agresión mientras se despedaza al herbívoro muerto (todo esto es independiente de las causas de muerte de ese animal, que pueden haber sido naturales —vejez, enfermedad— o por el ataque de depredadores; a estas alturas de la historia, por lo que parece, los humanos tenían aún poca capacidad para matar grandes animales). Es a este sistema de alimentación, a este particular nicho ecológico, a lo que se llama carroñeo de enfrentamiento.

Para localizar herbívoros grandes —como elefantes, rinocerontes, antílopes, etcétera— en los extensos territorios de la sabana, la mejor estrategia que podían usar los humanos era dispersarse en grupos pequeños, ya que de esa manera exploraban entre todos un área mayor. Pero, una vez encontrado el animal, debía solicitarse la colaboración de toda la comunidad para que el carroñeo de enfrentamiento funcionara. Alguien debía regresar al grupo principal y, de alguna manera, comunicar el descubrimiento de un gran herbívoro muerto, con el objetivo de reclutar el mayor número posible de congéneres para poder obtener la carne. Y aquí es donde entran en juego las palabras. Lo más sugerente de esta hipótesis es que el humano que tiene que comunicar el hallazgo no tiene delante al animal, hace muchos minutos que lo ha dejado atrás. Utilice el tipo de comunicación que utilice —gestos, sonidos, dibujos en la tierra o una combinación de todo ello—, se verá forzado a usar signos con desplazamiento, es decir, signos que van más allá del aquí y el ahora. Y, recordemos, la existencia de desplazamiento es la esencia del pensamiento simbólico. Bickerton ha propuesto que lo más probable es que las primeras palabras fueran algún tipo de icono, como una onomatopeya del sonido producido por el animal, o una representación con gestos de ese animal que, con el tiempo, y debido precisamente a la existencia de desplazamiento, podría derivar a algún tipo de símbolo. Otra opción muy sugerente como semilla para las primeras palabras y el simbolismo es la de las huellas dejadas por los animales: con toda probabilidad nuestros ancestros humanos estaban acostumbrados a observar e interpretar esos rastros. Una huella es un elemento muy particular, ya que puede funcionar como índice —de que un animal acaba de pasar por ahí—, como icono —de ese mismo animal— y, representada en un lugar distinto del original, resulta que se convierte en una señal con desplazamiento y de naturaleza claramente simbólica. Una mente acostumbrada a interpretar huellas tiene ya hecho parte del camino que conduce al simbolismo. Como apunta el arqueólogo Steve Mithen, «los mismos procesos cognitivos que se usan para asignarle significado a marcas dejadas por los animales, serían igual de eficaces para dotar de significado a marcas creadas por los humanos».

En cualquier caso, y siguiendo con la idea de Bickerton, el acicate para el lenguaje habría sido la necesidad de transmitir información sobre comida fuera del rango sensorial de los receptores visuales, olfativos o acústicos. Piénsese que todos los demás animales —excepto en el caso de las abejas y algún otro similar— siempre comunican sobre cosas que están al alcance inmediato de sus sentidos. El lenguaje permite conocer eventos en la comunidad de una manera que trasciende el espacio y el tiempo, cosa que, por ejemplo, está vedada a nuestros primos primates: aquello que no ven, oyen, tocan o huelen, no existe para ellos. Este modelo que acabamos de ver para explicar las condiciones en que pudieron surgir las primeras palabras soluciona varios de los problemas habituales de las propuestas que existen para la evolución del lenguaje: en este caso las primeras palabras proveen de forma inmediata de valor adaptativo al lenguaje (protolenguaje) y, además, la existencia de desplazamiento obliga a que la mente realice un pensamiento en diferido que sirve como semilla para el pensamiento simbólico.

La convergencia de varios elementos básicos serviría como catalizador para que prendiese la chispa del lenguaje: protopalabras (sonidos, gestos o combinación de ambos), eficacia biológica (evolutiva), desplazamiento y simbolismo formaron una amalgama que, junto a las habilidades manuales y cognitivas, equipó a los humanos ancestrales con una herramienta única. El pensador francés Condillac ya se olió algo de esto cuando, en el siglo XVIII, escribió: «era necesario que los elementos de algún lenguaje, preparados de antemano, precediesen a las ideas, porque sin signos de alguna especie, nos sería imposible analizar nuestros pensamientos».

Yo te entiendo

Un atranco, otro más, con que se encuentran muchas hipótesis sobre el origen del lenguaje es el hecho de que, incluso en el supuesto de que a un humano se le ocurra inventar una palabra para hacer referencia a algo, el sistema no servirá para nada si no tiene a otro ser humano que sepa de qué va el asunto, capaz de descifrar el mensaje. Esto se soluciona, en parte, suponiendo que las primeras protopalabras eran de naturaleza icónica más que simbólica, como en el modelo anterior, ya que los iconos, al no ser arbitrarios, llevan consigo su propio significado pero, incluso así, el supuesto receptor puede ser renuente a entrar en el juego por falta de comprensión. Sin embargo, el antropólogo especialista en lenguaje Robbins Burling propone una elegante y sencilla solución, que disuelve el problema dándole la vuelta. Para él el motor de la evolución del lenguaje fue la comprensión, más que la producción: la comunicación lingüística no comenzó cuando un humano hizo un gesto o vocalización con significado, sino cuando un humano interpretó el comportamiento de otro como significativo, incluso en el caso de que el emisor no tratara de comunicar nada. Burling explica el proceso con el ejemplo del gruñido de los carnívoros, en el que se apartan los labios y se enseñan los dientes. En un primer momento en el proceso evolutivo, el animal que se dispone a atacar para morder a otro, aparta los labios por la simple razón de no morderlos, para no hacerse daño a sí mismo. Las víctimas potenciales que fuesen capaces de interpretar el gesto de apartar los labios como señal de un mordisco inminente tendrían más oportunidades para escapar y, genes mediante, transmitir a sus descendencias esa capacidad de anticipación y comprensión. Pero, al mismo tiempo, también saldrían beneficiados aquellos agresores que fuesen capaces de interpretar el comportamiento del que huye, de manera que en ocasiones podrían retraer los labios y enseñar los dientes como si pretendieran morder, pero con el objetivo de ahuyentar a sus enemigos y así evitar los peligros de una lucha. Solo cuando un comportamiento —enseñar los dientes— se interpretó de manera correcta, pudo el emisor usar esa señal de manera deliberada para dirigir el comportamiento del intérprete. En los animales que hacen ese gesto el comportamiento se ha *ritualizado*, se ha fijado en los genes mediante selección natural y convertido en instintivo. En el caso del lenguaje, las señales usadas para dirigir el comportamiento de los demás se *convencionalizan*, es decir, se convierten en signos arbitrarios que se aprenden y transmiten de manera cultural. Lo importante en este asunto, y volviendo a la evolución de las primeras palabras, es que quien da el paso decisivo para el despegue del lenguaje es el receptor, el humano capaz de interpretar un comportamiento de otro humano.

Un dato interesante que subraya la importancia de la capacidad de interpretación del receptor para, en correspondencia, inducir una respuesta dirigida en el emisor, está en el hecho de

Figura 13. El gruñido es un comportamiento ritualizado. Los comportamientos ritualizados son respuestas automáticas que han emergido por selección natural.

que, hasta donde se sabe, los monos no hacen el gesto de señalar con el dedo, excepto en el caso de los animales que se crían en contacto con humanos; estos sí que señalan. Lo fascinante es que estos monos usan el dedo solo para señalar a los humanos, no a otros monos, y la explicación puede estar en que solo los humanos responden ante ese gesto. El hecho de que exista una respuesta origina en los monos una especie de autoadiestramiento, de manera que tienden a hacer ese gesto porque observan que trae consecuencias en el comportamiento de los humanos (consecuencias muy probablemente relacionadas con conseguir algo).

Romper el silencio

Aunque no tenemos manera de conocer cuáles fueron las primeras protopalabras o las primeras palabras orales, algunos lingüistas han dedicado su tiempo a especular sobre cuál pudo ser el repertorio primigenio básico. Guy Deutscher propone tres grupos: palabras para cosas físicas comunes, como partes del cuerpo, animales y objetos cotidianos; palabras para acciones simples, como «correr», «comer», «lanzar» o «caer»; y palabras índice, como «este» o «aquel». Es fácil imaginar a un ancestro nuestro señalando con la mano alguna cosa y produciendo algún sonido de naturaleza icónica al mismo tiempo, como llevarse la mano al corazón y decir «bum-bum-bum», señalar un trozo de carne podrida e imitar el sonido que sale al vomitar, o cerrar los ojos y simular un ronquido. Armados con una mente capaz de establecer referencias simbólicas, esos mismos sonidos podrían ser usados en ausencia de gestos y así explicarle a otro individuo que los pelos que llevas en la mano «bruagg bruagg bum-bum-bum rrrrzzz rrrrzzz» (es decir, que el dueño de los pelos comió algo podrido, se le puso algo mal dentro del cuerpo y que cerró los ojos para siempre). Todo esto sin necesidad de reglas sintácticas específicas. Las complicaciones gramaticales surgirían con el tiempo, por ejemplo para ligar palabras de cosas (nombres) con palabras de acciones (verbos).

Viajando mucho más hacia acá en el tiempo, un método para tratar de bucear en la historia de algunas palabras consiste en buscar *cognados*, palabras con un origen etimológico común, y que a menudo conservan una fonética y un significado similares, como noche, que tiene cognados como *noite* (gallego), *nit* (catalán), *nuit* (francés), *nat* (danés), *noch* (ruso), *noć* (croata), *natë* (albanés), *notte* (italiano), *noapte* (rumano), *nótt* (islandés), etcétera; todas ellas palabras de idiomas que pertenecen a la misma familia de lenguas indoeuropeas, derivadas de una hipotética lengua madre denominada protoindoeuropeo. Hace unos años un grupo de lingüistas utilizó una gran base de datos para buscar cognados entre las hipotéticas protopalabras de más de seiscientos idiomas, pertenecientes a siete familias de lenguas distribuidas por Eurasia (además de la familia indoeuropea, estaban otras como la altaica, la urálica o la inuit-yupik), con el objetivo de detectar lo que llaman *palabras ultraconservadas*, es decir, palabras primigenias comunes a todas esas familias de lenguas que han sobrevivido a lo largo de miles de años. El resultado es muy interesante y muestra 23 palabras que formarían parte de la lengua ancestral común de todas las lenguas euroasiáticas, que habría existido en el sur de Europa hace unos 15 000 años, hacia el final del último período glacial. Entre esas palabras están «tú» (común a las siete familias estudiadas), «yo» (común a seis familias), «no», «eso», «nosotros», «dar», «quién» (comunes a cinco familias), o «este», «madre», «hombre», «mano» y «fuego» (comunes a cuatro familias). El trabajo tuvo bastantes críticas, ya que, dada la gran tasa de cambio, sobre todo fonético, que sufren las palabras en todos los idiomas, parece complicado rastrear términos comunes tan atrás en el tiempo, y el hecho de que se detecten como cognados puede ser una simple casualidad estadística, ya que se trata además de palabras muy comunes en todas las lenguas. En cualquier caso, es muy probable que términos como «tú», «yo», «nosotros» o «dar» hayan formado parte del lenguaje humano desde sus primeros pasos.

Cultura, genética y viceversa

Hace millón y medio de años (con el florecimiento de la industria lítica achelense), o bien hace 300 000 años (con la emergencia de *Homo sapiens*) o bien hace tan solo unos 80 000 años (con las primeras muestras materiales claras de pensamiento simbólico) los humanos comenzamos a movernos provistos de lenguaje. De manera independiente a los motivos que pudieron impulsar las primeras palabras, la mayoría de modelos y escenarios propuestos apunta a que la emergencia del lenguaje y de representaciones simbólicas debió ser un evento más cultural que biológico aunque, claro está, la semilla solo pudo germinar sobre un terreno nervioso abonado para ello. El entorno cultural y social creado por los humanos, junto con las modificaciones del medio natural inducidas por la propia cultura, forman en sí mismos un nicho ecológico que, a su vez, determina el proceso evolutivo (fenómeno explicado por la *teoría de construcción de nicho*). Una vez que en la comunidad surge algún tipo de lenguaje o protolenguaje —que, por definición, debe tener algún valor adaptativo—, aquellos individuos cuya biología (genética) resulte estar mejor preparada para el aprendizaje de esa nueva modalidad de comunicación y pensamiento, tendrán una ventaja reproductiva sobre los demás, diseminando esas características por la población. La disposición para adquirir una habilidad por aprendizaje cultural puede terminar fijándose en los genes mediante selección natural, de tal forma que los individuos de las siguientes generaciones estarán mejor preparados para esa misma asimilación cultural (este es un ejemplo del llamado *Efecto Baldwin*, en el que un comportamiento aprendido puede fijarse —al menos en parte—

en los genes). De esta manera, con el advenimiento del lenguaje y el simbolismo se produjo una realimentación genes-cultura que ha sido clave para perfilar la naturaleza humana.

La ventaja de un grupo humano poseedor de lenguaje sobre otro sin él es inmensa. No solo porque posibilita la elaboración de razonamientos complejos, sino por todo lo que supone poder comunicar lo que pasa por tu mente al resto de la comunidad de manera rápida y precisa para tareas como la organización social, el establecimiento de jerarquías, la organización de planes de ataque (para la caza, contra otros grupos humanos, etcétera), la transmisión de información útil para la supervivencia (localización de alimentos, materias primas, enemigos, cursos de agua...), la creación de mitos (que refuerzan la cohesión social) y, en definitiva, el almacenamiento y la transmisión en la memoria colectiva de todo el bagaje cultural que, paso a paso, se fue convirtiendo en un conocimiento necesario para sobrevivir. Una vez que la máquina simbólica, lingüística y cultural está en marcha, llega un momento en la historia en que el modo de vida que se genera depende por completo de la capacidad de aprendizaje de las tradiciones culturales de las generaciones anteriores. En los últimos dos millones de años nuestros ancestros desarrollaron prótesis culturales que fueron transmitiéndose generación tras generación, construyendo un modo de vida —un nicho cultural— que desde entonces ha dependido de manera crítica de la transmisión de conocimiento y que, en virtud del efecto Baldwin, ha dado lugar a que nuestra maquinaria biológica sea en extremo eficiente para la asimilación cultural. El antropólogo Joseph Henrich considera que este círculo vicioso entre cultura y genes comenzó con las primeras industrias líticas y que ha sido responsable del crecimiento encefálico (para almacenar información cultural) y de la prolongada infancia de los humanos (en donde se produce la transmisión de la lengua o lenguas maternas). La cultura implica, por lo tanto, capacidad de aprendizaje, y en nuestra sociedad estamos obligados a usar esa capacidad para sobrevivir. Nada de ello sería posible sin el lenguaje.

En este escenario, las facultades simbólicas y lingüísticas de los humanos son el resultado de un lento proceso de cristalización en el que interviene tanto la selección natural como la cultura. Sin embargo, el peso y el desarrollo temporal de cada uno de estos elementos en la facultad lingüística es un terreno de profundas disputas. Las normas de juego fueron puestas sobre el tapete por el influyente lingüista Noam Chomsky a mediados del siglo pasado, cuando puso de manifiesto que las diferentes lenguas actuales comparten elementos sintácticos básicos y que, por lo tanto, los humanos modernos debemos poseer mecanismos cerebrales innatos para el lenguaje. A esa supuesta facultad grabada en nuestros genes la llamó *gramática universal*. Hoy en día la mayoría de personas metidas en este reconstituyente lodazal comparten la idea de que existen elementos innatos en nuestra arquitectura cerebral dedicados, aunque no sea de forma exclusiva, a la facultad del lenguaje; pero lo que no tienen claro es cómo ha sido su evolución y hasta qué punto constriñen el proceso de aprendizaje de una lengua. A lo largo de los años Chomsky ha ido reformulando y sintetizando su teoría, en la búsqueda del elemento o los elementos básicos para la capacidad lingüística. En su momento, propuso que la capacidad innata esencial que alimentaba la gramática de todas las lenguas consistía en la sintaxis recursiva, es decir, en la capacidad para combinar palabras y frases ordenadas de modo jerárquico, de manera que a partir de unos pocos elementos finitos se puede conseguir una cantidad ilimitada de oraciones con cualquier tipo de significado. Puliendo todavía más la cosa, como ya vimos unas páginas atrás, en la actualidad su propuesta es que el elemento innato que poseemos todos los humanos, que nos diferencia de cualquier otra especie, y que nos habilita para construir las distintas lenguas, es una operación cerebral básica que se encarga de generar la estructura jerárquica para la sintaxis y que ha llamado *ensamble*. Como indica el propio Chomsky, «esta operación toma dos elementos sintácticos cualesquiera y los combina en una expresión nueva, de jerarquía mayor». Sencillo, sí, pero exclusivo de los humanos modernos.

El hecho de que el lenguaje sea una propiedad innata con raíces en los genes no excluye, ni mucho menos, el papel de la cultura en su evolución (por otra parte, nadie duda de que la cultura determina el desarrollo de la lengua o lenguas maternas de cada uno). Respecto a la propia evolución genética de esta capacidad innata, las propuestas son también variadas. La mayoría de propuestas se decanta por un proceso paulatino de selección natural. Para algunos investigadores, como Terrence Deacon, la comunicación simbólica habría hecho su aparición junto a las primeras herramientas de piedra, y podría estar ya presente de manera incipiente incluso en *Australopithecus*. Con *Homo erectus/ergaster* la coevolución entre el encéfalo y la comunicación simbólica seguiría progresando, a pesar de que, de manera llamativa, la tecnología lítica achelense permaneció sin apenas cambios durante más de un millón de años. Respecto a esto, es importante tener en cuenta que, como resalta Joseph Henrich, no se pueden inferir habilidades cognitivas innatas a partir de la complejidad de las herramientas, ya que es necesario tener también en cuenta la complejidad de la vida en sociedad y su dependencia del tamaño del grupo. Por ejemplo, partiendo de individuos con idénticas habilidades cognitivas, una sociedad numerosa producirá útiles más complejos que un grupo de pocos individuos. De esta manera, algunas innovaciones culturales o tecnológicas podrían explicarse por procesos demográficos y no biológicos. Tenemos un buen ejemplo en las culturas polinesias que, de manera sorprendente, consiguieron colonizar las innumerables islas que salpican el océano Pacífico navegando en embarcaciones rudimentarias. A pesar de que nadie duda de las capacidades cognitivas de alguien capaz de semejante hazaña, los polinesios usaban herramientas de la edad de piedra hasta hace muy poco —tan solo unos cientos de años—. La explicación para un desarrollo tecnológico tan limitado puede estar en el tamaño del grupo, que en su caso era necesariamente pequeño. La naturaleza de su medio de navegación transoceánico no daba para transportar grupos grandes, de manera que su expansión no favorecía el mantenimiento de poblaciones numerosas. La riqueza cultural de un pueblo puede incluso disminuir si el tamaño de la población no es lo suficientemente grande para mantenerla en el tiempo. Un caso que ya he citado es el de la isla de Tasmania. El ajuar de herramientas encontrado por los investigadores es mucho más primitivo que el conjunto de herramientas utilizadas en la vecina Australia. Para algunos autores la razón está en el aislamiento geográfico. Los aborígenes de Tasmania poblaron aquella región hace unos 35 000 años, cuando la masa de tierra estaba unida al resto de la actual Australia. Pero el aumento del nivel del mar al final de la última glaciación produjo, hace unos 12 000 años, su aislamiento. Una hipótesis que se maneja es que el tamaño de la población que quedó en la isla no era lo suficientemente grande como para mantener en el tiempo toda la riqueza cultural acumulada.

Hay evidencias de que el desarrollo encefálico se modificó de manera sustancial en el linaje que conduce a *Homo sapiens* en el período de tiempo que transcurrió desde la separación del linaje de *Homo neanderthalensis* (es decir, en los últimos 700 000 años). Los neandertales tenían una distribución de la corteza cerebral distinta a la nuestra, con el encéfalo engrosado en la región occipital, lo cual les podría proporcionar más masa cerebral dedicada a la percepción visual; por el contrario, en los humanos modernos se produce un claro aumento de la región frontal que, como hemos visto, podría estar implicado en la coordinación del pensamiento simbólico. Por otro lado, hay también investigadores —entre los que se encuentra Chomsky— que, en vez de un lento proceso de selección natural, prefieren pensar en un cambio genético brusco, hace tan solo 60 000-80 000 años que, a partir de un ligero recableado del cerebro, dotaría a la mente humana de la capacidad ensamble y, por lo tanto, de sintaxis. En la búsqueda del sustrato neuronal de este supuesto cambio, que pudo sentar la diferencia entre las capacidades lingüísticas de *Homo sapiens* respecto a otras especies, algunos autores sugieren que la clave puede estar en el desarrollo de conexiones nuevas entre el área de Broca y el área de Wernicke. Desde hace tiempo se conocen varios tractos de fibras que conectan la corteza premotora y la corteza frontal, que alberga el área de Broca, con la región del área de Wernicke, formando así un anillo de realimentación entre ambas zonas cerebrales. Mediante tractografía (técnica que permiten revelar los tractos nerviosos del encéfalo) se ha estudiado el desarrollo de esas conexiones, comparando la arquitectura que posee un recién nacido con los circuitos del encéfalo adulto. El resultado muestra un hecho significativo: los recién nacidos tienen incompleto el circuito de conexiones que conecta las regiones de Broca y de Wernicke, cosa que se soluciona al alcanzar los 2-3 años de edad (que coincide con la época en la que se dispara la capacidad lingüística). Al estudiar los tractos de fibras en macacos y chimpancés adultos, se observa que el circuito de conexiones entre regiones en principio equivalentes a las áreas de Broca y Wernicke es más limitado, sin que exista un anillo de realimentación entre ambas regiones, en cierto modo similar al que tienen los recién nacidos humanos. Esto ha llevado a proponer la hipótesis de que un pequeño cambio genético podría bastar para modificar esa red de conexiones, generando potencialidades nuevas para la facultad del lenguaje.

El descubrimiento de un gen llamado *FOXP2* que afecta a la producción del lenguaje supuso para algunos un paso importante en la búsqueda de mutaciones recientes que pudieran tener algo que ver con la evolución del lenguaje. Este gen es un factor regulador (su función afecta a otros genes) que existe en muchos otros animales, sin embargo, la variante que poseemos los humanos modernos es resultado de una mutación reciente ocurrida poco antes de la separación de los linajes de *sapiens* y neandertales (se ha comprobado que los neandertales tienen la misma copia del gen que nosotros). Las personas con *FOXP2* defectuoso padecen, entre otros déficits motores, un trastorno llamado dispraxia verbal que afecta al control de los movimientos finos de cara, lengua y labios, debido a un funcionamiento anormal de los circuitos neuronales de los ganglios basales y el cerebelo, que son regiones esenciales para el control motor. En concreto, parece que existe un fallo en la automatización de movimientos aprendidos, un elemento importante para el desarrollo de una lengua: durante el aprendizaje, muchos movimientos que en un inicio se realizan de manera consciente pasan poco a poco a generarse de forma automática (se pasa de un control con base en la llamada memoria declarativa a un control generado por la memoria procedimental), y para esto deben funcionar de manera correcta los circuitos que ligan a los ganglios basales y la corteza cerebral con el cerebelo. A pesar de que *FOXP2* está ligado con claridad a la producción motora necesaria para el lenguaje, es decir, a la parte lingüística relacionada con la comunicación —o externalización—, no parece que tenga nada que ver con el procesamiento simbólico o con aspectos sintácticos del lenguaje, por lo que algunos investigadores consideran que no aporta nada al conocimiento sobre la evolución del lenguaje como proceso mental. Al tratarse, además, de un gen regulador, que genera una cascada que afecta a más de cien genes con funciones diversas, tampoco sería correcto ponerle la etiqueta de «gen del lenguaje». Lo que sí parece indicar *FOXP2* es que en la evolución de las facultades vocales y de gestos manuales se han utilizado circuitos preexistentes implicados en el aprendizaje motor. Como dice Chomsky, *FOXP2* participa en funciones similares a la impresora de un sistema informático, es un elemento de salida, pero no nos dice nada sobre el funcionamiento del procesador central.

Mis primeras palabras

Uno de los hechos más sorprendentes en el desarrollo del lenguaje en los infantes humanos es la facilidad con que generan una gramática correcta sin la necesidad de estímulos educativos dirigidos a ello. Derek Bickerton resume el asunto de manera contundente diciendo que los niños no aprenden o adquieren el lenguaje, sino que lo producen como una reacción automática a los sonidos del habla de su entorno. Basta con que en sus primeros años de vida se vean inmersos en un entorno lingüístico para que comiencen a producir frases que nunca han escuchado antes, ligadas entre sí con la sintaxis correcta. Este argumento de la pobreza del estímulo es una de las principales razones que llevaron a elaborar tesis innatistas con base en la genética para la Gramática Universal. Hay dos ejemplos maravillosos que muestran cómo puede generarse una lengua nueva a partir de las habilidades innatas que poseemos en la infancia y la niñez. Uno de ellos es el de la emergencia de una lengua criolla a partir de un lenguaje *pidgin*. El pidgin es la ensalada lingüística que se comienza a hablar cuando se mezcla gente de procedencia diversa que habla distintas lenguas incomprensibles entre sí. Esto ocurrió, por ejemplo, en comunidades de esclavos de colonias americanas, en donde se juntaron las lenguas de los distintos esclavos africanos, las de los habitantes indígenas y las de los colonos europeos. En una situación así la comunidad hace un esfuerzo para comunicarse, cada uno utilizando algunas palabras de su lengua materna junto a otras que ha aprendido de las lenguas de los demás (algo que, de forma limitada, nos ha pasado a la mayoría al viajar a algún país extranjero o al participar en una excursión con turistas de diversas procedencias), y lo que resulta es una mezcla con un vocabulario limitado y una gramática caótica o inexistente. Lo fascinante del asunto es que los niños que crecen en un entorno así, en donde el único lenguaje común que escuchan a las personas adultas es el pidgin, desarrollan de forma automática un lenguaje con una estructura gramatical estable, que se convierte en una lengua criolla tan rica y expresiva como cualquier otra.

Los estudios indican que la débil estructura gramatical de las distintas lenguas pidgin es en cierta medida similar entre ellas, y lo mismo ocurre con las lenguas criollas, entre las que existe una clara similitud en sus gramáticas. Algunos investigadores sugieren que se puede hacer un paralelismo entre el desarrollo de las lenguas pidgin y criollas y las distintas etapas del habla infantil. Derek Bickerton propone, además, que el estudio de estas lenguas puede dar pistas sobre cómo pudieron haber sido los componentes y los procesos del protolenguaje primitivo.

El otro ejemplo, que en realidad es también una especie de transición de pidgin a lengua criolla, ocurrió en Nicaragua a finales de los años setenta del siglo pasado. En aquella época el gobierno nicaragüense decidió juntar en dos escuelas de Managua a los niños sordos, que antes vivían aislados cada uno con sus familias, con el objetivo de enseñarles una lengua común. El programa, que consistía en enseñarles a producir sonidos, a leer en los labios y a usar un alfabeto manual —en el que se representan con las manos las letras del alfabeto— apenas dio los frutos esperados. Sin embargo, fuera de las aulas, en los espacios de juego y esparcimiento que compartían, las pequeñas y pequeños comenzaron a comunicarse como podían mediante gestos, cada uno usando parte del repertorio que se había inventado en el seno de su familia. Crearon así por su cuenta una lengua pidgin gestual que se ha llamado *lenguaje de signos nicaragüense*. Pero lo más fascinante estaba por llegar. En los años siguientes, los más pequeños que se incorporaban a la escuela y que crecían en ese entorno pidgin desarrollaron una gramática gestual estable y organizada, que se convirtió en lo que ahora se llama *idioma de signos nicaragüense*. Había nacido una lengua. Los profesores, que no entendían qué demonios se decían los niños entre sí, tuvieron que echar mano de expertos lingüistas para descifrarla. Cuando una comunidad carece de lengua, le bastan unas pocas generaciones para producir una. Una persona aislada no se inventa una lengua, pero esta surge de forma espontánea en el seno de una comunidad. Los humanos nacemos pertrechados con una clara tendencia a comunicarnos de manera simbólica. Este ejemplo muestra además que las adaptaciones más importantes para el lenguaje ocurrieron en el encéfalo, no en los órganos vocales. Como indica Robbins Burling, en comparación con los cambios que sufrió el encéfalo y la mente, los cambios en la maquinaria de entrada y salida parecen casi triviales.

Sin embargo, esta evidente habilidad innata de los humanos modernos para generar una lengua no tiene por qué estar ligada de forma impepinable a modificaciones genéticas concretas que dieron lugar a facultades como la de Ensamble, o a la evolución de órganos cerebrales específicos para el lenguaje. Existen explicaciones elegantes que muestran cómo puede alcanzarse una Gramática Universal a partir de lo que algunos han llamado *selección lingüística*. La idea consiste en darle la vuelta al guante y, en vez de suponer que tenemos un módulo cerebral específico para producir estructuras sintácticas, entender a las lenguas como sistemas simbólicos que se han adaptado a las capacidades, limitaciones y sesgos de los encéfalos humanos. Según esta visión, los infantes humanos parece que adivinan las estructuras sintácticas precisamente porque las lenguas han evolucionado para adaptarse a los patrones más frecuentes imaginados por la mente humana; las distintas lenguas tendrían su base en aquellas reglas que pueden ser inferidas de forma correcta a partir de la información limitada que recibimos en la infancia. Hay estudios de simulación computacional de la evolución del lenguaje que, de hecho, indican que la estructura de este puede surgir y adaptarse mediante mecanismos culturales, de manera que se fijarían en la comunidad precisamente aquellas reglas que faciliten el aprendizaje y la transmisión. Si las lenguas se han adaptado a las predisposiciones de nuestra mente, entonces las criaturas humanas no necesitan tener elementos genéticos específicos para el lenguaje. Poner el acento en esta evolución cultural no significa que no exista una evolución genética paralela, pero basta con que se seleccionen aquellos individuos que tengan una predisposición para el aprendizaje y la transmisión cultural. Las operaciones lingüísticas que se adapten a las asunciones espontáneas de los niños y que puedan ser aprendidas con rapidez y diligencia por sus mentes serán las que tiendan a pasar a las siguientes generaciones. De esta manera, algunas estructuras pueden ser muy similares entre distintas lenguas no porque exista un gen específico para ello, sino porque se trata de las mismas funciones útiles que han sido seleccionadas de manera independiente por sistemas nerviosos ávidos por aprender. Un mecanismo así daría lugar a que los miles de lenguas que hay en la actualidad en el planeta tengan una apariencia similar en su estructura, una Gramática Universal generada por selección lingüística como respuesta a tendencias universales del encéfalo humano. Es decir, como dice el lingüista Robbins Burling, podemos pensar en la Gramática Universal más que como un «instinto del lenguaje», como un «instinto para aprender un lenguaje». En este modelo, la combinación de selección natural y selección lingüística deja contentos —o medio contentos— tanto a los innatistas como a los defensores de una evolución cultural para el lenguaje.

Listos para el viaje

Una vez que algún tipo de protolenguaje brotó en alguna comunidad humana ancestral, este pasó con toda probabilidad a ejercer funciones nuevas además de la o las que pudieron impulsar su emergencia. Las claras ventajas mentales y de cohesión y organización social que una herramienta así dispensa, facilitaron su afianzamiento y dispersión. A partir de un hipotético comienzo con base en iconos, el sistema se volvió cada vez más arbitrario y menos ambiguo, con base en símbolos. Y al final, mediante un lento proceso de evolución biológica y cultural, o bien de manera más brusca debido a alguna fortuita mutación genética, el lenguaje moderno cristalizó en el *Homo sapiens*. La compleja pócima fue el resultado de combinar ingredientes muy variados entre los que estaban una corteza prefrontal de tamaño desmesurado; una habilidad manual y un control de los músculos de lengua, boca y laringe inéditos, en donde las células de la corteza cerebral activan de forma directa a las motoneuronas; una mente simbólica capaz de establecer relaciones de referencia entre conceptos internos y el mundo real o imaginario; un cerebro capaz de gestionar relaciones sintácticas básicas, como unir dos palabras para generar un significado nuevo y expresar así proposiciones, declaraciones de cualquier tipo; una infancia prolongada con una dependencia inicial extrema de otros individuos adultos; y una vida en sociedades dependientes de la cooperación y el intercambio.

El simbolismo y el lenguaje, junto con la gran capacidad de memoria, permitió que los humanos se liberasen de las ataduras de lo inmediato. Se hizo posible la transmisión remota de mensajes: la comunicación podía tener lugar a través del espacio y el tiempo. El desarrollo cultural de nuestros ancestros fue imparable. Dejaron restos de su mente simbólica en grabados hechos en piezas de ocre y huevos de avestruz, y en cuentas de conchas perforadas. La invención de armas y herramientas de piedra, madera y hueso les permitió dejar atrás la vida de carroñeros. Ya en tiempos de *Homo heidelbergensis*, aprendieron a matar un rango cada vez más amplio de animales; se volvieron cazadores-recolectores. En algún momento, a partir de hace unos 130 000 años, el continente africano se quedó pequeño para las bandas de *Homo sapiens* y entonces se expandieron por el resto del mundo.

Homo sapiens se hace mayor

Las especies de animales que pueblan el planeta son el resultado de la adaptación evolutiva a un determinado nicho ecológico. Cada una está en su sitio. Algunas tienen una distribución muy limitada, como el kiwi moteado mayor, que vive en una esquina de la Isla Sur de Nueva Zelanda, el diablo de Tasmania, que vive en esa pequeña isla del sur de Australia, o el bonobo, que habita una región concreta del centro de África. Otras se extienden mucho más, como el zorro ártico, que deambula por el extremo norte del planeta, los coyotes, que se distribuyen por Norteamérica, incluyendo el extremo norte, o los chacales de lomo negro, que patrullan el este y sur de África. Todas tienen sus dominios marcados por unas características biológicas específicas. Pero tan solo una especie animal, la nuestra, ha conseguido algo muy extraño: distribuirse por absolutamente toda la superficie terrestre. La razón es que nuestro nicho ha dejado de ser biológico y se ha transformado en cultural.

Al diseminarse fuera de África, nuestros antepasados tiraron en un primer momento hacia el este, siguiendo más o menos la línea de costa. Se expandieron por oriente y llegaron hasta el sureste asiático hace unos 70 000 años. Y allí, frente al mar, y por razones desconocidas, un grupo de *sapiens* hizo algo sorprendente: construyeron algún tipo de embarcación y se lanzaron al mar abierto. Acababa de nacer la exploración marítima (aunque es muy probable que se tratara de un tipo de viaje accidental, arrastrados por el viento o las corrientes marinas al tratar de hacer un viaje corto entre islas que estaban a la vista). Llegaron de esa manera a un continente que luego se llamó Australia y allí reprodujeron un comportamiento que se repetiría por todo el planeta: se expandieron por el territorio y adaptaron el ecosistema a sus necesidades, con efectos colaterales como la extinción de la megafauna. Cuando los ingleses llegaron a aquella tierra a finales del siglo XVIII, los aborígenes australianos, que mantenían desde el Pleistoceno su modo de vida de cazadores-recolectores, hablaban más de 250 lenguas distintas. Es un buen ejemplo de la facilidad con que el lenguaje, una vez que tuvo la mecha prendida, se diversificó a medida que también lo hacían las comunidades de *Homo sapiens*. Ningún pueblo de aborígenes australianos desarrolló una lengua escrita, de manera que su cultura, de una riqueza extraordinaria, se ha transmitido siempre a través de pinturas y grabados rupestres y, sobre todo, mediante la tradición oral. El grueso de su cultura se mantiene envasado en la memoria colectiva formada por los encéfalos de los individuos que permanecen vivos, codificada en sus respectivas lenguas. Mientras algunos de nuestros ancestros perseguían canguros, otros grupos giraron la vista hacia el occidente de Eurasia y se dedicaron a perseguir uros, bisontes y caballos.

La llegada a Europa

Hace unos 45 000 años llegaron a Europa los primeros *Homo sapiens*. Lo hicieron desde el este y penetraron en el territorio que, desde hace cientos de miles de años, habitaban los neandertales. Tuvo que ser algo parecido a una invasión de marcianos, ya que la mayoría de indicios muestra a dos especies separadas por el abismo de sus distintas capacidades cognitivas, además de ser claramente distintas en su aspecto físico: los neandertales bajos, robustos y de piel clara; los *sapiens* más altos, delgados y de piel oscura. Como ya se indicó más atrás, los neandertales desaparecieron del planeta poco después de la llegada de los humanos modernos a sus tierras. La razón o razones que condujeron a esa extinción no están nada claras, y hay hipótesis para todos los gustos: transmisión de enfermedades (que llevaban los *sapiens*), reemplazo por genocidio, asimilación (interacción biológica y cultural entre ambas especies), desplazamiento (ya que competían por recursos similares), problemas genéticos debido a endogamia, baja densidad de población, etcétera. En la mayoría de los escenarios que se barajan hay algo que parece estar claro: los humanos modernos poseían —poseemos— unas capacidades cognitivas de naturaleza distinta a las que portaban los neandertales, capacidades que condicionaban e influían en el grado de autoconsciencia, capacidad simbólica, lenguaje, aprendizaje, transmisión cultural y complejidad social. Hay quienes no comparten esta visión y consideran que ambas especies tenían un rango de habilidades cognitivas muy similares, sugiriendo incluso que no se trata de especies distintas. Sin embargo, la mayoría de especialistas se inclina por una clara diferencia entre especies.

Los neandertales se habían adaptado a un nicho ecológico estricto en el que la fuente de alimentos provenía en su mayoría de la caza con enfrentamiento —es decir, con interacción directa, no usando proyectiles— de grandes mamíferos. El desplazamiento o incluso la extinción de esos animales condicionaban su existencia. Por su parte, los *sapiens* llegaron a Europa provistos de adaptaciones distintas. No se trataba precisamente de adaptaciones fisiológicas para soportar los rigores del frío, sino que traían consigo un amplio repertorio de habilidades manuales y mentales. Nuestros ancestros *sapiens* avanzaban a grandes pasos en la producción de utensilios para la vida social y de cazadores, y también de elementos simbólicos. Los *sapiens* inventaron herramientas más variadas y desarrollaron nuevas técnicas para la caza y la pesca, como arpones con puntas reemplazables, o propulsores —denominados átlatl— para lanzar con mayor eficacia proyectiles a distancia, construyeron tiendas con pieles o con huesos de mamut, e incluso lámparas de aceite (hechas de piedra). Podían elaborar ropa y calzado con agujas fabricadas con hueso; habían aprendido a pescar en ríos y mares; además de grandes mamíferos —que podían cazar a distancia, lanzando sus armas—, comían también aves marinas, huevos, tortugas, conejos y recolectaban marisco. Su mejor arma era la capacidad de adaptación a ambientes muy variados gracias a la cultura y el consiguiente desarrollo y acumulación tecnológica. Todo esto se infiere a partir de los restos de huesos, conchas y herramientas encontrados en los espacios que habitaban. Y había un arma más: el número. Se calcula que los *Homo sapiens* superaban en 10 a 1 a los neandertales. Los hallazgos paleoantropológicos sugieren que las bandas de neandertales estaban compuestas por pocos individuos y que había escaso contacto entre grupos. Un escenario así limita mucho el desarrollo tecnológico y la transmisión cultural.

Las habilidades cognitivas de los neandertales son un tema de intenso debate, en esencia por dos razones: por una parte, los indicios que apuntan a la existencia de simbolismo en esa especie son muy escasos y, por otra, muchos de ellos coinciden en el tiempo con la llegada de los *sapiens*, de modo que en ocasiones alguno de los objetos o escenarios encontrados pudo deberse a la influencia de los humanos modernos. La idea más extendida es que sus capacidades de pensamiento simbólico y de lenguaje estaban menos desarrolladas que en los humanos modernos, con lo que se veían limitados para la cooperación, planificación e intercambio de información. Otra hipótesis es que los neandertales podían haber dispuesto de la maquinaria neuronal para desarrollar capacidades cognitivas similares a los *sapiens*, pero que la falta de exposición en la infancia a un lenguaje impediría su desarrollo (recordemos la propuesta de Roger Bartra sobre el exocerebro, y el ejemplo de Helen Keller). Lo que sí debían de tener, desde luego, es sistemas de comunicación eficaces, necesarios para organizarse en las partidas de caza. Sus capacidades de percepción auditiva y de control motor de los músculos para la fonación eran similares o idénticas a las de los *sapiens*, aunque esto no dice nada sobre sus capacidades encefálicas para el lenguaje. Se han encontrado enterramientos neandertales, aunque no está claro si se trataba de actos de naturaleza simbólica o de una necesidad práctica (por ejemplo, para evitar que se acercaran animales carroñeros). Hay también indicios del uso de pigmentos y de ornamentos por *Homo neanderthalensis*, como cuentas, pendientes y plumas de aves. Con todo, hasta el momento, la evidencia más sólida de la existencia de simbolismo en las mentes neandertales proviene de un dibujo abstracto, con forma de escalera, de la cueva La Pasiega (Cantabria), que tiene unos 65 000 años. En aquella época los humanos modernos aún no habían llegado a Europa, por lo que la obra abstracta tuvo que ser realizada por una mente neandertal.

La tecnología neandertal era bastante más limitada que la de los *sapiens*, con instrumentos de piedra y de madera que permanecieron inmutables durante decenas de miles de años. Por los motivos que fueran, nuestros primos desarrollaron un escaso potencial para crear y acumular innovación; cada generación reproducía exactamente las mismas técnicas que la precedente. Hasta donde sabemos, ningún neandertal fabricó nunca un arma diseñada de manera específica para cazar un animal determinado; parece que apenas usaron materiales como astas, huesos o marfil, a pesar de vivir rodeados de ese tipo de restos; no inventaron el arpón, ni el arco y las flechas. Para el antropólogo y arqueólogo Brian Fagan, el argumento más poderoso que indica que los neandertales no tenían lenguaje es la estabilidad tan prolongada de su cultura: desde hace unos 250 000 años hasta hace unos 30 000 años todas las generaciones de neandertales fabricaron el mismo modelo de herramientas.

Por otra parte, como ya he indicado, los neandertales vivían en grupos reducidos y aislados entre sí, con escaso contacto entre ellos. Es probable que la mayoría solo llegase a conocer unas pocas decenas de individuos a lo largo de toda su vida. Por su parte, nuestros ancestros modernos ya se movían por el mundo pertrechados con un lenguaje tan eficaz como el que usamos en la actualidad.

El lenguaje permitió una acumulación cultural sin precedentes, y en ello debió de tener mucho que ver la capacidad de intercambio de información en los contactos que se establecían entre grupos, información sobre lugares de caza, cursos de agua, yacimientos de materias primas, lugares peligrosos, técnicas de caza, elaboración de instrumentos, pactos sociales, intercambio de bienes, etcétera. Sin lenguaje, las limitaciones son inmensas. Podemos imaginar a dos grupos de humanos carentes de lenguaje que se encuentran por primera vez; si tienen algún atisbo de pensamiento simbólico quizá puedan decirse algo mediante iconos (gestos, dibujos, sonidos), pero la cantidad de información compleja que pueden comunicarse es escasa o nula. Como mucho, a lo mejor les sirve para impedir matarse unos a otros. Sin embargo, si estás pertrechado con la capacidad de transmitir tus intenciones y pensamientos íntimos a la mente de los demás, incluidos los extraños que te encuentras por vez primera, todo cambia.

El tipo de red social que se establece no es tan solo una cuestión demográfica, sino que depende también de la existencia de simbolismo. Por lo que parece, el contacto en las sociedades neandertales se hacía cara a cara: se encontraban unos con otros e intercambiaban objetos y, si podían, información. Sin embargo, en los *sapiens* la existencia de simbolismo y lenguaje permitía establecer relaciones incluso entre gente que nunca se había visto de frente, a través del intercambio de objetos e información en una cadena de individuos. Esto permite establecer una poderosa red social y de acumulación de cultura. Por lo tanto, el tamaño del grupo, que como ya he señalado es un elemento importante para la innovación y el desarrollo cultural y tecnológico, se puede mantener tanto de forma demográfica como simbólica.

Sea como fuere, algo tuvo que desequilibrar la balanza entre *Homo neanderthalensis* y *Homo sapiens* y, con los datos actuales, con confrontación o sin ella, todo apunta a que la mente autoconsciente y las capacidades de pensamiento simbólico y de lenguaje de los humanos modernos eran de naturaleza distinta a las que podían tener los neandertales.

Una explosión sin precedentes

Hace unos 40 000 años, y durante un intervalo que duró 30 000 años, en pleno Paleolítico superior y a lo largo de la segunda mitad del último período glacial que sufrió el planeta, algo se revolvió en las mentes de los cromañones —que es como se llama a los *Homo sapiens* europeos de la época—, y también de algunas poblaciones del sureste asiático. Sin mucho aviso previo, y de una manera deslumbrante, se volvieron artistas. Es la muestra más abrumadora de la existencia de una mente y unos rituales plenamente simbólicos. Los primeros europeos modernos poblaron el continente de representaciones artísticas de todo tipo, entre las que destacan las pequeñas figuras de venus, como la venus de Willendorf o la de Dolní Věstonice y, sobre todo, las extraordinarias pinturas rupestres. Las pequeñas esculturas portátiles —tanto de venus como de otros motivos— han aparecido en su mayoría en el centro y este de Europa. Por su parte, el arte paleolítico parietal —que es como se llama a las representaciones realizadas en las paredes de cuevas y abrigos rocosos— se concentra en el sur de Francia y norte de España (el 90 % del arte rupestre de esta época de la humanidad se encuentra en esa región franco-cantábrica; curiosamente, la otra región del planeta en el que están apareciendo importantes representaciones de arte paleolítico está en el sureste asiático, en concreto en las islas de Borneo y Célebes, en donde se han encontrado representaciones rupestres de hasta 43 900 años de antigüedad). Los sobresalientes murales descubiertos en Altamira, Lascaux o Chauvet repre-

Figura 14. Arte del Paleolítico superior. Ejemplos de pinturas rupestres de las cuevas de Altamira y Chauvet.

sentan tanto dibujos abstractos como arte figurativo (de cosas reconocibles que existen en la realidad) con representaciones de animales, muchos de ellos realizados con una pericia y estilo remarcables, hasta el punto de que a los especialistas les llevó tiempo convencerse de que eran obras del Paleolítico y no representaciones mucho más modernas. El hecho de que el inicio de esta explosión de creatividad coincida —al menos en Europa— con el momento en que los *sapiens* interaccionaron con los neandertales ha llevado a proponer la hipótesis de que estos últimos fueron precisamente el acicate para tal arrebato de expresión artística: sería una vía usada por los *sapiens* para reafirmar su identidad. Según parece, los neandertales apenas alcanzaron a imitar los aspectos intangibles de la cultura cromañona. De todas formas, esta hipótesis sobre los motivos o funciones de las pinturas rupestres es una más entre muchas otras.

En sentido estricto, los dibujos de animales no son representaciones simbólicas, sino icónicas, pero la razón o razones de su realización, que se ha asociado a rituales de naturaleza mística (relacionados con el chamanismo, totemismo u otras prácticas mágicas) o de cohesión social, junto al hecho de la existencia de desplazamiento (se pintaron de forma separada en el espacio y el tiempo respecto al momento en que las autoras o autores vieron a esos animales en la realidad) convierten a esas figuras en iconos de naturaleza simbólica. Con todo, los dibujos más abundantes, y con frecuencia también los más antiguos, son representaciones abstractas —denominados ideomorfos, con forma de puntos, rayas, figuras geométricas, etcétera— que, precisamente por su carácter simbólico, son muy difíciles de interpretar. El reciente trabajo de investigación de Genevieve von

Petzinger indica que existe una distribución geográfica, bastante coherente en el espacio y en el tiempo, de los distintos tipos de motivos, por lo que pueden tratarse de marcas étnicas de poblaciones humanas concretas. No deja de resultar llamativo que, en la historia de las representaciones artísticas realizadas por la mente humana, las figuras abstractas (rayas, puntos, etcétera) aparezcan antes en el tiempo que el arte figurativo, que representa objetos del mundo real. Por el contrario, en las capacidades comunicativas de la mente humana, y en la emergencia del lenguaje, la idea generalizada es que se ha producido una transición de iconos a símbolos. Resulta difícil de concebir que la mente de un *Homo heidelbergensis* sea capaz de realizar una elegante bifaz pero no la representación de un animal almacenada en su memoria. La explicación más sencilla a esto es que, en realidad, sí que ejecutaban representaciones icónicas, pero que su naturaleza efímera —unos trazos con un palo en el suelo, un grabado en madera— ha impedido que perduren hasta nuestros días, igual que tampoco perduran sus gestos y sonidos.

Las pinturas del Paleolítico superior son llamativas no solo por su calidad artística, sino por varias características que pueden dar pistas sobre la mente y los motivos de las mujeres y hombres que las realizaron. Por un lado, los dibujos de figuras humanas son escasos y, cuando los hay, se trata por lo general de representaciones esquemáticas que no tienen nada que ver con la riqueza estilística aplicada en los animales. Tenemos magníficos retratos de leones realizados hace 30 000 años, pero ni un solo retrato en condiciones de una mujer o un hombre cromañón (en el lugar arqueológico de La Marche, en Francia, existen numerosos retratos humanos, de un estilo por completo distinto al utilizado en representaciones animales, cuya autenticidad es tema de disputa). Por otra parte, las pinturas rupestres carecen de escenarios naturalistas: no hay árboles, ni ríos, ni praderas, ni nubes, ni una línea para representar el suelo. Son dibujos que se encuentran, por lo general, en zonas profundas de las cuevas, lejos de la iluminación natural (esto añade al menos dos dificultades: se necesita algún tipo de iluminación y los dibujos tienen que hacerse de memoria). No parecen representaciones hechas para adornar el pórtico de la casa o para disfrutar en familia todas las tardes, sino imágenes relacionadas con algún tipo de actividad ritual a la que no accedía todo el mundo ni todos los días.

Como se indica más arriba, los dibujos son, por lo general, iconos de animales —y también de seres humanos— o bien figuras abstractas (que, según algunos autores, se dividen en dos grandes grupos que representan lo femenino y lo masculino respectivamente). Por su parte, las venus portátiles son figuras icónicas. Pero hay una pequeña escultura de marfil, reconstruida a partir de unos 200 fragmentos que se encontraron en la cueva de Hohlenstein-Stadel (Alemania) y que fue realizada hace unos 35 000 años, que tiene un interés especial: se trata una escultura de un cuerpo humano con cabeza de felino. Es remarcable porque se trata del ejemplo más antiguo conocido de un ser imaginario (hay investigadores que proponen que varios dibujos encontrados en una cueva de la isla de Célebes son

Figura 15. El hombre león. Figura de marfil que representa un cuerpo humano con cabeza de felino.

las figuras híbridas más antiguas, pero la cosa no está tan clara como en el caso del león). Pueden existir dudas sobre las características mentales de un ser humano que pinta rayas y puntos en una pared o en un trozo de ocre, pero no hay la más mínima duda de que la mujer o el hombre que talló el «hombre león» —que es como se llama a la obra— poseía una capacidad simbólica plena.

Y aquí estamos

Los cromañones somos nosotros. El encéfalo de la persona que realizó la figura de Hohlesntein-Stadel y el de un humano actual son, en esencia, el mismo. En los últimos miles de años, mediante mecanismos como el efecto Baldwin, se han producido cambios en la naturaleza biológica de algunas poblaciones humanas (como la capacidad para procesar lactosa de adultos, una característica genética reciente derivada de la actividad ganadera), pero no hay motivos para pensar que la mente de los *Homo sapiens* que abandonaron África fuera muy distinta a la de los humanos de hoy. Lo que sí que ha cambiado, y mucho, es la cantidad de conocimiento acumulado. La cultura y el conocimiento tecnológico asociado se han convertido en nuestro nicho evolutivo y, como no podía ser de otra manera, una de las creaciones humanas que ha florecido con mayor exuberancia es el lenguaje.

La historia particular de los distintos pueblos que han ido colonizando el planeta ha dado lugar a miles de lenguas distintas. En la actualidad existen en el planeta alrededor de 6000 lenguas, una maravillosa diversidad cultural que mengua a un ritmo acelerado, ya que se ha calculado que desaparecen del mapa unas dos lenguas cada mes. Las lenguas actuales poco nos pueden informar sobre los orígenes evolutivos ocurridos hace decenas o cientos de miles de años, pero son un magnífico campo de trabajo para estudiar cómo cambian día a día y, en aquellas que se han plasmado por escrito, conocer su evolución histórica. Los estudios lingüísticos sobre la evolución de las lenguas modernas son complejos y con un grado de detalle que se hace difícil de digerir por personas no expertas. Hay, sin embargo, tendencias generales comunes a muchas lenguas, como la inclinación que tenemos los hablantes a simplificar y tirar por la opción fonética que menos esfuerzo requiere. Por ejemplo, existe una tendencia recurrente en muchos idiomas a sustituir el sonido «p» por «f», y a continuación este último por «h». En el castellano hay una tendencia a mudar una «f» inicial latina por «h», como en *facere/hacer*, *ferrum/hierro* o en *filius/hijo*. En Japón se suicidaban hace más de diez siglos haciéndose el *para-kiri* (que significa «corte en el estómago»), más tarde pasaron a practicar el *fara-kiri*, y en la actualidad lo que se hace es el *hara-kiri*. Los distintos elementos de las lenguas se erosionan y compactan por la pereza o las prisas de sus usuarios, pero al mismo tiempo también germinan ramas nuevas. El lingüista y matemático Guy Deutscher pone el ejemplo de la palabra francesa *aujourd'hui* (hoy) que, según parece, ha tenido la siguiente evolución: la expresión latina *hoc die* (el día de hoy) se compactó y convirtió en *hodie* (hoy), que más tarde en francés antiguo se quedó en *hui*. Como la cosa había perdido énfasis, los franceses comenzaron a decir *au jour d'hui*, es decir, en sentido literal, 'en el día del día de hoy'. La cosa se fusionó de nuevo en *aujourd'hui*. Pero, como siempre hay alguien que quiere destacar por su elocuencia y conocimiento profundo, hay franceses que hoy dicen *au jour dáujourd'hui*, que, tomado de manera literal, viene a ser 'en el día de en el día del día de hoy'.

Si es posible presenciar todo tipo de cambios en cuestión de decenas o cientos de años, no hay ningún misterio en que los humanos hayamos inventado 6000 lenguas en 60 000 años. A partir de las primeras palabras, de probable naturaleza icónica, la creatividad humana ha construido decenas de miles de términos de naturaleza simbólica en donde, en principio, no existe relación entre el objeto o idea y el símbolo que lo representa. Sin embargo, si tiramos de la manta que cubre el significado de las palabras, resulta que una parte muy importante —por no decir la mayoría— de las palabras de todos los idiomas tienen un claro origen metafórico, es decir, hacen a su vez referencia a algún otro aspecto de la realidad que, siguiendo el hilo, nos llevaría a otras palabras que también resultan de la aplicación de metáforas (como dice el escritor Eduardo Vilas, «un objeto completamente único, si tal cosa fuese imaginable, no se podría describir: al carecer de conexiones metafóricas, sería inexpresable»). Como la etimología es una puerta al sentido metafórico de las palabras, un ejercicio muy ilustrativo consiste en bucear entre palabras del castellano y su origen latino o griego. Por ejemplo: la etérea palabra «símbolo» tiene su origen en el término griego σύμβολο ('símbolo'), que a su vez viene de συμβάλλει ('contribuir'), formado por el prefijo συμ- ('con', 'junto a') y βάλλει ('lanzar', 'arrojar'); es decir, sería algo así como «lanzar junto a» o «reunir», que es justo lo que se hace al establecer una relación simbólica, reunir un objeto o idea con un concepto. La palabra «simio» parece que viene del griego σιμός, que significa 'de nariz chata'; la palabra «palabra» tiene su origen en el griego παραβολή, que literalmente significa algo así como 'lanzar al margen' y, por extensión, «comparación» o «alegoría»; y, por su parte, «evolución» viene del verbo latino *evolvere* (expandirse, desarrollarse), que se deriva de *ex-* ('hacia fuera') y *volvere* ('girar', 'doblar', 'dar vueltas'). Y así podríamos seguir con todo el diccionario; si se olfatea lo suficiente hacia atrás, la mayoría de palabras nacieron con alguna metáfora. En realidad, es posible inventar una palabra, sin más, pero por lo que vemos no suele ser así, nos cuesta extraer conceptos de la nada, de manera que el origen de las palabras está encadenado a ideas y cosas del mundo en que vivimos. Aunque en su aspecto superficial nuestros símbolos para el lenguaje parecen estar desligados de los objetos o ideas que representan, cuando se rebobina la película suele descubrirse el olor a icono que hay detrás.

Otro interesante ejemplo del recurso a la metáfora está en las palabras que se utilizan para referirse a conceptos temporales. Resulta que es común utilizar términos espaciales, que son conceptos tangibles, para describir relaciones temporales, que son cosas intangibles. Por ejemplo, decimos «*dentro* de casa» (espacio) y «*dentro* de un año» (tiempo); «*alrededor* del árbol» (espacio) y «*alrededor* del mediodía» (tiempo); o «*sobre* la montaña» (espacio) y «*sobre* las siete de la tarde» (tiempo). Este uso de términos espaciales para referirse a los conceptos más abstractos relacionados con el tiempo es común en todas —o casi todas— las lenguas.

Dando forma a la mente

Las metáforas espaciotemporales no se aplican de la misma manera en todas las lenguas. En castellano tendemos a imaginar el futuro «delante» y el pasado «atrás» («hay que olvidar el pasado y mirar hacia delante», «deja tras sí un importante legado»), y también imaginamos el paso del tiempo de izquierda a derecha. Si nos piden que ordenemos una serie de fotos de una persona a lo largo de su vida, tendemos a ponerlas de izquierda a derecha. Por lo que muestran algunos experimentos, hay en esto último una clara influencia del sistema de escritura. Las personas que escriben y leen en hebreo —que se hace de derecha a izquierda— imaginan el paso del tiempo de derecha a izquierda y organizan las fotos de sus familiares en consecuencia. En China las personas hablantes de mandarín utilizan metáforas espaciotemporales similares al castellano (delante/atrás), pero también es común que imaginen el pasado «arriba» y el futuro «abajo», lo cual concuerda con la escritura tradicional china, que se representa de arriba abajo (y de derecha a izquierda).

La relación entre la manera de pensar y de imaginar el mundo y la lengua que se habla ha fascinado desde hace tiempo a los lingüistas. Uno de los temas preferidos de estudio ha sido la percepción de los colores, ya que se ha constatado que las categorías de colores que establece cada pueblo varían a lo largo del planeta. En algunas culturas, como el pueblo dakota (un pueblo sioux de Estados Unidos) y, por lo tanto, en sus lenguas, o viceversa, no se diferencia entre el azul y el verde, y se usa una palabra para todo ese rango de colores. Hay pueblos, como el que habita la isla Nias de Sumatra, en donde existen solo cuatro palabras para todo el espectro (términos para el negro, blanco, rojo y amarillo), y a otros, como al pueblo chukchi de Siberia, les basta con solo tres términos (negro, blanco y rojo) para referirse a todo el espectro. Aunque la percepción fisiológica de los colores es en principio igual en todos los humanos modernos (excepto en casos patológicos), parece claro que a la hora de establecer categorías dentro del espectro hay una notable influencia cultural y del lenguaje. Un hallazgo relevante de estos trabajos es que, de forma independiente al número de palabras que tenga una lengua para referirse a los colores, el único color que existe en todas las culturas estudiadas —además del negro y el blanco— es el rojo. Resulta relevante ya que, como hemos visto, el rojo es el color del primer pigmento usado por la humanidad, además de ser el color de la sangre.

La constatación de este tipo de relaciones entre la lengua que se posee y la interpretación de algunos aspectos de la realidad llevó a principios del siglo XX a que algunos investigadores propusieran la existencia de un *relativismo lingüístico* (apoyado en la llamada *hipótesis de Sapir-Whorf*), de manera que el universo mental y los procesos cognitivos de cada pueblo pueden estar influidos o incluso determinados por las características de su lengua. En su momento, la mayoría de lingüistas, probablemente por influencia de las ideas del innatismo y la Gramática Universal, desecharon la propuesta. Sin embargo, en años recientes se han realizado experimentos cuidadosos para tratar de definir hasta qué punto la lengua puede condicionar algunas propiedades cognitivas de sus usuarios. Los resultados no son muy concluyentes y muestran que, aunque las capacidades cognitivas y la habilidad para entender conceptos son en esencia similares en todos los humanos modernos, en algunos casos sí que se observan sesgos en la percepción o en alguna habilidad concreta relacionados con la lengua que se habla. Es decir, en los ejemplos anteriores de los nombres para los colores, todos los individuos tendrían una percepción similar del mundo visual que los rodea, pero el hecho de ponerle nombres concretos a unos colores sí y a otros no puede hacer que la percepción se agudice en una determinada dirección. Esto se ha comprobado con experimentos en hablantes de ruso, que discriminan mejor entre intensidades de azul que los hablantes de inglés (el otro idioma de referencia en esos experimentos concretos), ya que en ruso tienen dos palabras específicas para los tonos de azul, cosa que no existe en inglés. Se han estudiado también, por ejemplo, lenguas en los que la orientación en el espacio se hace mediante coordenadas geográficas (norte, sur, este, oeste) en vez de relativa a alguna persona u objeto (derecha, izquierda, delante, detrás). En Australia y otras regiones del planeta hay pueblos que en su lengua usan de manera cotidiana coordenadas geográficas («cariño, no sé por qué aparcas el coche tan hacia el noreste, déjalo mejor al sur de la casa»). Una consecuencia de este hecho lingüístico es que esas personas se orientan de maravilla en el espacio geográfico.

Otro campo de estudio que relaciona el lenguaje con el cerebro y las capacidades cognitivas, y que se encuentra en plena ebullición, es el del bilingüismo o multilingüismo. Las actuales técnicas de imagen permiten estudiar por primera vez qué ocurre en el interior del cerebro de un ser humano que maneja dos o más lenguas, comparado con el cerebro de una persona monolingüe. La idea general que se vierte de estas investigaciones es que el manejo de más de una lengua es un magnífico elixir para la mente. Respecto al desarrollo del lenguaje, se han hecho experimentos con bebés que crecen en un entorno bilingüe, y los resultados muestran que no tienen mayor dificultad para generar las gramáticas respectivas y para discriminar entre ambas lenguas, algo que redunda en la extrema habilidad que tenemos los humanos para adquirir un idioma, ya que en este caso los bebés se enfrentan a dos grupos de fonemas y, en principio, reciben menos exposición a cada lengua de la que ocurre con el monolingüismo. A pesar de ello, no se ha observado que existan retrasos en la adquisición de los fonemas.

Ya en edad adulta, se ha observado que las personas bilingües tienen, respecto a las monolingües, mayor densidad de sustancia gris (formada por los cuerpos de las neuronas) en regiones cerebrales relacionadas con la habilidad verbal, el control articulatorio y fonológico y el procesamiento auditivo. Ese incremento es más acusado en las personas que aprendieron la segunda lengua en edad temprana. También se ha observado en los bilingües un aumento de la densidad de tractos nerviosos relacionados con el lenguaje y, en personas mayores, una mayor integridad del cuerpo calloso, el haz de fibras que conecta los dos hemisferios cerebrales. Hay también indicios de que el bilingüismo puede retrasar en 4-5 años la aparición de enfermedades neurodegenerativas como la enfermedad de Alzheimer.

Algunas investigaciones muestran que estos cambios en la estructura encefálica pueden tener consecuencias cognitivas en terrenos que no están directamente relacionados con el lenguaje, como el aumento en la velocidad de reacción en determinadas tareas, o una mayor habilidad en tareas de control ejecutivo, como, por ejemplo, en situaciones en las que hay que tomar una decisión rápida ante dos opciones.

Estos ejemplos son una pequeña muestra de la relación dinámica y sin límites entre un cerebro capaz de gestionar algo tan complejo como una lengua y la cultura que se deriva de la propia lengua que, a su vez, puede modificar la estructura cerebral. Un sistema de realimentación construido por el devenir evolutivo en los últimos dos millones de años. Pero la cosa no se detiene aquí, porque la necesidad de trascender del *Homo sapiens* ha llevado a que ahora mismo parte de la mente de un grupo de humanos viaje camino de una estrella cercana.

Epílogo
Del hacha de piedra al disco de la *Voyager*

El 5 de septiembre de 1977 los seres humanos lanzamos al espacio la nave *Voyager 1* ('Viajera 1'; tiene una hermana también en el espacio, la «Viajera 2»), que se encuentra en el momento de escribir estas líneas (21 de diciembre de 2019) a algo más de 22 200 millones de kilómetros de la Tierra, en el llamado espacio interestelar. Dentro de unos 40 000 años ese artilugio pasará cerca de la estrella Gliese 445. Como tiene cuerda para rato, existe alguna posibilidad —aunque remota— de que caiga en manos de algún ser de espíritu fisgón. Como mensaje de bienvenida, la nave lleva un disco de cobre chapado en oro que contiene una cantidad sustancial de información, entre la que hay grabados 55 mensajes de saludos en otros tantos idiomas terrícolas, incluidas varias lenguas antiguas como el hitita, el latín o el sumerio.

Los seres humanos que elaboraron las hermosas bifaces de piedra tenían ante sí un esplendoroso cielo estrellado, libre de la contaminación lumínica de nuestros días. Es muy probable que las estrellas, esa infinidad de puntos brillantes que podían contemplar en todo su esplendor, evocasen en sus mentes más de una emoción y, una vez que el pensamiento simbólico se instaló en sus cabezas, seguro que le sirvió para reflexionar sobre el sentido de aquellos puntos. A lo mejor, en alguno de sus rituales, estaba incluido en el guion un paseo entre aquel mar de lejanas luces, y hasta algún contacto alucinógeno con las criaturas supremas responsables de la lluvia y los truenos. Pero dudo mucho que imaginaran que, varios cientos de miles de años después, sus descendientes encontrarían la manera de desvelar qué demonios son esos puntos brillantes, de qué están hechos, e incluso que lograrían enviar un artefacto en dirección a uno de ellos con fragmentos de la mente de varios individuos comunicando señales de bienvenida. Todo eso se ha conseguido en gran medida gracias a la capacidad que hemos desarrollado de generar una actividad mental abstracta y de transmitir los pensamientos de una mente a otra. Gracias al lenguaje.

Una vez que comprendimos el juego que puede dar el pensamiento simbólico, lo aplicamos no solo a comunicarnos entre nosotros sino a comunicarnos con la naturaleza de las cosas, para lo cual desarrollamos el lenguaje universal de las matemáticas. Hemos vestido al mundo con ese idioma de la lógica y la racionalidad, que nos sirve tanto para calcular la trayectoria de un hacha de piedra como para domesticar la radiación electromagnética que ahora mismo permite comunicarnos con la *Voyager 1*. La nave espacial puede estar a una distancia que nos parece inconmensurable pero, si hay algo que ha volado lejos, más allá de las estrellas, es esa masa de células que todos llevamos protegida dentro del cráneo. Gracias al pensamiento simbólico podemos llegar a cualquier lugar recóndito, los límites están solo en la imaginación. Y, gracias a la magia del lenguaje, me ha sido posible realizar este implante en tu mente autoconsciente.

BIBLIOGRAFÍA CONSULTADA

Mark Aguirre, *El nacimiento de una especie. Un viaje a África en busca del origen de la vida humana,* Ediciones de Intervención Cultural, 2017.

Jordi Agustí y Mauricio Antón, *La gran migración. La evolución más allá de África,* Crítica, 2015.

Juan Luis Arsuaga y Manuel Martín Loeches, *El sello indeleble. Pasado, presente y futuro del ser humano*, Debolsillo, 2017.

Paul G. Bahn, *Images of the Ice Age.* Oxford University Press, 2016.

Alan Barnard, *Language in prehistory*, Cambridge University Press, 2016.

Roger Bartra, *Antropología del cerebro. Conciencia, cultura y libre albedrío,* Pre-Textos, 2014.

José María Bermúdez de Castro, *La evolución del talento. Cómo nuestros orígenes determinan nuestro presente*, Debolsillo, 2011.

Antonio Benítez Burraco y Lluís Barceló Coblijn, *El origen del lenguaje,* Editorial Síntesis, 2015.

Robert C. Berwick y Noam Chomsky, *Why only us. Language and evolution*, The MIT Press, 2016.

Derek Bickerton, *Adam's tongue. How humans made language. How language made humans*, Hill and Wang, 2009.

Derek Bickerton, *More than nature needs. Language, mind and evolution*, Harvard University Press, 2014.

Karin Bojs, *Mi gran familia europea. Los primeros 54 000 años: una historia de la humanidad,* Ariel, 2017.

Robbins Burling, *The talking ape. How language evolved*, Oxford University-Press, 2007.

Camilo J. Cela Conde y Francisco J. Ayala, *Evolución humana. El camino hacia nuestra especie*, Alianza Editorial, 2013.

Jean Cottes, *What is paleolithic art?, Cave paintings and the dawn of human creativity,* The University of Chicago Press, 2016.

Frederick L. Coolidge y Thomas Wynn, *The rise of Homo sapiens. The evolution of modern thinking,* Oxford University Press, 2018.

Tim J. Crow (editor), *The speciation of modern* Homo sapiens, Oxford University Press, 2006.

Noam Chomsky, *¿Qué clase de criaturas somos?*, Ariel, 2017.

Morten Christiansen y Simon Kirby (eds.), *Language evolution,* Oxford University Press, 2009.

Bruno David, *Cave art,* Thames & Hudson, 2017.

Terrence Deacon, *The symbolic species. The co-evolution of language and the brain*, W. W. Norton & Company, Inc., 1998.

Guy Deutscher, *The unfolding of languaje. An evolutionary tour of mankind´s greatest invention*, Picador, 2005.

Guy Deutscher, *Through the language glass. Why the world looks different in other languages*, Picador, 2010.

N. J. Enfield, *How we talk. The inner workings of conversation,* Basic Books, 2017.

Brian Fagan, *Cro-magnon: how the ice age gave birth to the first modern humans*, Bloomsbury Press, 2013.

Tecumseh Fitch, *The evolution of language*, Cambridge University Press, 2013.

Angela D. Friederici, *Language in our brain. The origins of a uniquely human capacity,* The MIT Press, 2017.

Joseph Henrich, *The secret of our success*, Princeton University Press, 2016.

Kyra Karmiloff y Annette Karmiloff-Smith, *Hacia el lenguaje. Del feto al adolescente,* Ediciones Morata, 2005.

Christine Kenneally, *The first word. The search for the origins of language,* Penguin Books, 2008.

Roger Lewin, *Human evolution. An illustrated introduction,* Blackwell Publishing, 2005.

David Lewis-Williams, *The mind in the cave. Consciousness and the origins of art,* Thames & Hudson, 2014.

Alexander R. Luria, *Cerebro y lenguaje. La afasia traumática: síndromes, exploraciones y tratamiento,* Editorial Fontanella, 1974.

James E. McClellan III y Harold Dorn, *Science and technology in world history. An introduction*, The Johns Hopkins University Press, 2006.

Steven Mithen, *The prehistory of the mind. A search for the origins of art, religion and science,* Phoenix, 1998.

Steven Mithen, *After the ice. A global human history 20 000-5000 BC,* Weidenfeld & Nicolson, 2012.

Jesús Mosterín, *La naturaleza humana*, Espasa Calpe, 2006.

Antxon Olarrea, *Orígenes del lenguaje y selección natural,* Equipo Sirius, 2005.

Genevieve von Petzinger, *The first signs. Unlocking the mysteries of the world's oldest symbols,* Simon & Schuster, 2017.

Steven Pinker, *The language instinct. How the mind creates language*, Harper-Collins, 2007.

Aníbal Puente Ferreras, *Los orígenes del lenguaje,* Alianza Editorial, 2006.

Gwenn Rigal, *Le temps sacré des cavernes. De Chauvet à Lascaux, les hypothèses de la science,* Éditions Corti, 2016.

Anne Rooney, *The story of neuroscience*, Arcturus, 2017.

Adam Rutherford, *The book of humans. The story of how we became us,* Weidenfeld & Nicolson, 2018.

John R. Searle, *Conciousness and language*, Cambridge University Press, 2002.

Christopher Seddon, *Humans: from the beginning*, Glanville publications, 2015.

John J. Shea, *Stone tools in human evolution. Behavioral differences among technological primates,* Cambridge University Press, 2017.

Georg Striedter, *Principles of brain evolution*, Sinauer Associates, Inc., 2005.

Chris Stringer, *Lone survivors*, St. Martin´s Griffin, 2012.

Chris Stringer y Peter Andrews, *The complete world of human evolution*, Thames & Hudson, 2014.

Alain Testart, *Art et religion de Chauvet à Lascaux,* Éditions Gallimard, 2016.

BIBLIOGRAFÍA RECOMENDADA

Antonio Benítez Burraco y Lluís Barceló Coblijn, *El origen del lenguaje*, Editorial Síntesis, 2015.

Un estupendo libro de referencia sobre la evolución del lenguaje, detallado y muy útil para introducirse en el tema de la mano de dos especialistas.

Derek Bickerton, *Adam's tongue. How humans made language. How language made humans*, Hill and Wang, 2009.

Uno de los escasísimos libros de divulgación (junto con el que tienes en las manos) sobre la evolución del lenguaje, escrito por un prestigioso lingüista, con un tono ameno y muy entretenido. En él se desarrolla una de las hipótesis más completas de las que existen en la actualidad sobre la evolución del lenguaje.

Robbins Burling, *The talking ape. How language evolved*, Oxford University Press, 2007.

Otro de los pocos libros de divulgación existentes sobre la evolución del lenguaje, en el que se ofrece una visión amplia del tema, principalmente desde los puntos de vista de la lingüística y la antropología, tocando también con cierta amplitud temas como la comunicación animal o la descripción de los distintos tipos de signos (índices, iconos y símbolos).

Morten Christiansen y Simon Kirby (eds.), *Language evolution*, Oxford University Press, 2009.

Magnífica obra de referencia sobre la evolución del lenguaje, escrita por los principales especialistas en las distintas aproximaciones y modelos que se han propuesto hasta la fecha. Se trata el tema desde disciplinas muy diversas, incluyendo la lingüística, la arqueología, la paleoantropología, la anatomía comparada o las simulaciones computacionales.

Terrence Deacon, *The symbolic species. The co-evolution of language and the brain*, W. W. Norton & Company, Inc., 1998.
Interesante y completa obra sobre la evolución del pensamiento simbólico y el lenguaje, desde una perspectiva neurobiológica. Extenso, bien documentado y con relevantes hipótesis sobre algunos temas clave, por ejemplo, sobre la emergencia evolutiva de la gramática universal.

Tecumseh Fitch, *The evolution of language*, Cambridge University Press, 2013.
Un libro completo y riguroso, que aborda el tema de la evolución del lenguaje desde múltiples perspectivas, incluyendo la comunicación animal, los datos paleoantropológicos y arqueológicos, la evolución del tracto vocal y del control vocal, y los distintos modelos filogenéticos que tratan la evolución del lenguaje.

Georg Striedter, *Principles of brain evolution*, Sinauer Associates, Inc., 2005.
Volumen que trata con rigor la evolución del encéfalo desde la neurobiología comparada. Muy completo y de fácil lectura a pesar de ser un libro académico. Entre otros, aborda temas como la variación en tamaño del encéfalo, los cambios en la estructura de distintas regiones y la evolución de la conectividad neuronal.

AGRADECIMIENTOS.

Ana Barbosa, Elisa Couto, Estefanía Lodeiro, Antonio Martínez Ron, Fuco Sanjiao y Manu Suárez tuvieron la cortesía de leer una versión previa del texto. Sus comentarios, sugerencias y correcciones me ayudaron a refinar el texto final.